山区河流低水头水电站
取水防沙技术

邓安军　王党伟　史红玲　董江波　著

中国水利水电出版社
www.waterpub.com.cn

·北京·

内 容 提 要

本书主要内容包括：山区河流低水头水电站引水防沙问题，主要介绍了山区河流的水沙特征、库区泥沙淤积、推移质对建筑物的破坏、水轮机磨蚀；山区河流低水头水电站引水防沙措施，主要介绍了引水口布置、沉沙池、典型工程实例简介；库区泥沙问题的解决方式，主要介绍了库区泥沙淤积预测、水库排沙方案制订、水库实际排沙结果分析；引水渠泥沙问题的解决方式，主要介绍了引水泥沙淤积预测、引水渠拉沙方案制订、引水渠实际冲淤过程分析；排沙漏斗设计，主要介绍了排沙漏斗规模论证、排沙效率、沉沙效果分析；水沙自动观测体系概论，主要介绍了水沙观测体系的作用、水沙观测体系的架构和重要观测设备。

本书适合水利水电工程管理、设计、施工、科研等人员参考，也适合高等院校相关专业的师生参考。

图书在版编目（ＣＩＰ）数据

山区河流低水头水电站取水防沙技术 / 邓安军等著
. -- 北京：中国水利水电出版社，2021.6
ISBN 978-7-5170-9634-4

Ⅰ．①山… Ⅱ．①邓… Ⅲ．①低水头－水力发电站－取水②低水头－水力发电站－淤积控制 Ⅳ．①TV732

中国版本图书馆CIP数据核字(2021)第111798号

书　　名	**山区河流低水头水电站取水防沙技术** SHANQU HELIU DI SHUITOU SHUIDIANZHAN QUSHUI FANGSHA JISHU
作　　者	邓安军　王党伟　史红玲　董江波　著
出版发行	中国水利水电出版社 （北京市海淀区玉渊潭南路1号D座　100038） 网址：www.waterpub.com.cn E-mail：sales@waterpub.com.cn 电话：（010）68367658（营销中心）
经　　售	北京科水图书销售中心（零售） 电话：（010）88383994、63202643、68545874 全国各地新华书店和相关出版物销售网点
排　　版	中国水利水电出版社微机排版中心
印　　刷	天津嘉恒印务有限公司
规　　格	184mm×260mm　16开本　11.25印张　202千字
版　　次	2021年6月第1版　2021年6月第1次印刷
定　　价	**68.00元**

　　山区河流开发了大量的低水头水电站，其显著的特点是壅水程度不高，水库调节能力小，导致水库淤积快、平衡时间短、卵石推移质破坏作用大等问题，对水电站持续稳定运行构成较大威胁。由于山区低水头水电站普遍发电量偏小，对电网运行、防洪安全等影响也相对较小。因此，针对山区低水头水电站取水防沙问题的研究相对较少，研究成果也缺乏系统性。目前，很多山区低水头水电站存在严重的泥沙淤积、水轮机磨蚀等问题。

　　近年来，我国在"一带一路"沿线国家建设了一系列山区河流低水头水电站，受制于开发空间，有些水电站的自然条件较为恶劣。比如喜马拉雅山南麓，河道底坡大，水头集中，同时由于山体陡峭，滑坡、泥石流频发，汛期水体悬移质含沙量大，推移质则以卵石乃至漂石为主，不仅会磨蚀水轮机，还会对建筑物造成较为严重的破坏。本书是作者多年工作经验和成果的总结。首先，梳理了山区低水头水电站可能出现的问题，以及典型的取水防沙措施；然后，以尼泊尔上马相迪水电站作为典型案例，介绍了该水电站泥沙问题的研究成果及解决该水电站的取水防沙问题的成功经验。书中给出了该水电站泥沙问题的解决方法，希望能对山区低水头水电站的研究、设计、运行、管理提供参考。

　　全书共分六章，第一章简要介绍山区河流低水头水电站引水防沙问题，本章由王党伟、邓安军撰写；第二章简要介绍了山区河流低水头水电站引水防沙措施，本章由邓安军、王党伟撰写；第三章开始以典型水电站为例，详细介绍水电站库区泥沙问题的解决方法，本章由王党伟、邓安军撰写；第四章介绍低水头水电站引水渠泥沙问题的解决方式，本章由史红玲、邓安军撰写；第五章以排沙漏斗为例介绍沉沙系统泥沙问题的解决方法，本章由董江波、王党伟撰写；第六章简要介绍水电站上游水沙自动观测体系建设框架，本章由董江波、王党伟撰写。全书由王党伟、邓安军负责统稿。

参与本书编写的人员还有中国水利水电科学研究院郭庆超、吉祖稳、陆琴，中国电建集团的盛玉明、张国来、白存忠、金勇、晏洪伟、侯忠等，在此一并致以由衷的感谢！

由于问题的复杂性，加之作者的学术水平和表达能力有限，书中谬误之处，敬请读者批评指正。

作者

2021 年 5 月

目录

第一章

山区河流低水头水电站引水防沙问题

第一节 山区河流的水沙特征

河流地貌学中根据河流所处的位置及形态把河流分为山区河流和平原河流两种。但是对于什么是山区河流并没有明确且统一的定义。山区河流的典型特征是河流岸线受山体约束、比降较大且床面位置以砂卵石为主。Lewin 将坡度大于 1‰、泥沙组成复杂、床沙级配宽广、具有典型的阶梯-深潭地形等特征作为辨识山区河流的依据[1]。

山区河流的地貌特征主要受地质构造和水流侵蚀影响。一方面,山区地壳运动对河流地貌影响较大;另一方面,受水流搬运、侵蚀作用的缓慢影响,山区河流在不断地纵向切割和横向拓宽中逐渐演变。由于受到两岸山体的约束,山区河流发育过程以下切为主,河谷多呈 V 形或者 U 形(图 1-1),河道窄深,宽深比 $\sqrt{B}/h$ 一般在 2 以下(其中 B 为主槽水面宽度,h 为主槽深度),断面形态相对比较稳定,常态水沙条件下断面形态不会发生剧烈的冲淤变形或河势变化。

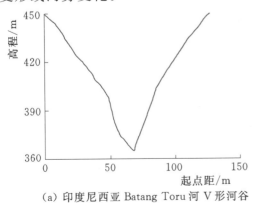

(a) 印度尼西亚 Batang Toru 河 V 形河谷

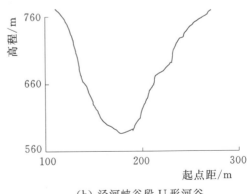

(b) 泾河峡谷段 U 形河谷

图 1-1 典型山区河流横断面形态

山区河流区别于平原河流最显著的特征在于河床纵比降的大小。一般山区河流的纵比降都在1‰以上，靠近上游区域的山区河流其纵比降甚至可以达到3%左右。因此山区河流的水流流速比较大，加上其河床组成以砂卵石甚至漂石为主，河床崎岖不平，当比降大到一定程度时床面会出现阶梯-深潭构造，导致河道中水流形态湍急而散乱，急流缓流交替出现，水跃和水跌等复杂流态也较为常见。四川龙溪河床面及水流形态见图1-2，阶梯-深潭构造及水流流态示意图见图1-3。

（a）河道及水流形态

（b）局部水流形态

图1-2　四川龙溪河床面及水流形态

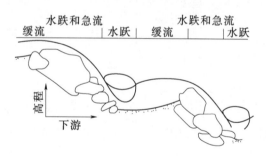

图1-3　阶梯-深潭构造及
水流流态示意图[2]

山区河流的河床多由原生基岩、巨石或卵石组成。卵石在河床上常常呈覆瓦状排列，也有呈松散堆积体的。在常年水流强度变化不大的下游河段河床上的卵石多呈覆瓦状排列，如图1-4（a）所示；而在水流强度变化较大的上游河段，由于水流强度急剧降低导致大量随水流推移的卵石迅速停止运动，来不及分选排列而呈松散堆积体[2]，如图1-4（b）所示。

山区河流中的悬移质含沙量与两岸植被覆盖及岩石风化程度密切相关。在岩石风化不严重、植被覆盖较好的区域，含沙量一般很小，年平均含沙量多小于1kg/m³；反之则河流中悬移质含沙量大，甚至在山洪暴发时会出现含沙量大且挟带大量石块的泥沙流。一般山区河流汛期悬移质泥沙多来自坡面侵蚀，含沙量大但细颗粒泥沙占比较多；非汛期则相反，河流中悬移质含沙量低但粗颗粒占比相对较大，很多山区河流枯水期的来水大多来自雪山融水，

(a) 上覆瓦状排列的卵石　　　　(b) 上游河床上的松散堆积体

图 1-4　典型山区河流河床组成

水流清澈，基本看不到泥沙。山区河流比降及流速大，悬移质往往处于不饱和状态，基本都能被水流带往下游，所以天然山区河流中的悬移质可以看作冲泄质，不参与造床过程。

推移质是改变山区河流形态的主要物质，尤其是以粒径为 1mm～20cm 的粗沙和卵石为主。推移质多是在洪水期流速较大时才随水流向下游输移，其运动具有间歇性的特征，粒径越大其间歇性运动的特征越明显。因此，与水流流速相比推移质平均运动速度不大。大多数山区河流河床上的漂石多为两岸山体崩塌产生的，基本不直接参与造床，但是通过对局部水流形态的改变而间接参与造床。当河流的比降较大，汛期洪水的流速达到 5m/s 以上时，直径 1m 以上的漂石也会随水流滚动而直接参与造床。

山区河流两岸山体大多比较陡峭，如果岩石风化严重，遇到地震或暴雨等外界因素的强烈干扰后容易发生滑坡，滑坡后松散的物质大量进入河流造成短时间甚至数年内河流中的悬移质和推移质数量大幅增加，甚至会直接堵塞河道形成堰塞湖，对下游工程运行和防洪安全造成极大的影响。如 2008 年 5 月 12 日发生的汶川大地震造成唐家山大量山体崩塌，两处相邻的巨大滑坡体夹杂巨石、泥土冲向湔江河道，形成巨大的堰塞湖。堰塞坝体长 803m，宽 611m，高 82.65～124.4m，方量约 2037 万 m³，上下游水位差约 60m；2018 年 10 月 10 日，西藏自治区昌都市江达县和四川省甘孜藏族自治州白玉县境内发生山体滑坡，堵塞金沙江干流河道，形成堰塞湖，长约 5600m，高 70 多 m，宽约 200m。

第二节　库区泥沙淤积

水库泥沙淤积侵占有效库容，使工程防洪标准降低，对大坝安全构成隐患，危及大坝度汛安全，是影响水库大坝安全的重要因素之一[3]。水库淤积引起的问题主要有六个方面：第一，泥沙淤积造成水库有效库容和防洪库容减少，导致水库综合效益难以正常发挥，其中某些方面的效益可能损失殆尽；第二，泥沙淤积导致水库回水范围上延，淹没面积增加，上游区域的防洪风险也随之加大；第三，变动回水区泥沙淤积会导致港口淤积比较严重，库区上游航道不稳定；第四，泥沙淤积影响坝前建筑物正常运行，包括闸门启闭难度增加，建筑物和水轮机磨蚀破坏等；第五，对于调节系数大的水库，长期淤积的泥沙可能会增加库区水质污染；第六，大量泥沙淤积在水库中导致坝下游泥沙量大幅减少，从而引起坝下游剧烈冲刷变形，对防洪、航运和引水都会造成一定的影响。山区河流低水头水电站一般库容相对比较小，水流流速比较大，来沙粒径较粗，泥沙淤积引起的主要问题是库容减少，水库调节能力大幅下降，引水含沙量大幅增加，建筑物和水轮机磨蚀严重，大坝防洪安全问题突出。

水库泥沙淤积很早就受到学界的广泛关注，大量研究表明，水库淤积量主要与库容、入库水沙量关系比较密切。因为不同区域水体含沙量以及入库泥沙量差异极大，很难直接给出水库的绝对淤积量。水库淤积量一般是采用拦沙效率与来沙量的乘积来计算，因此如何确定水库的拦沙效率成为估算水库淤积量的关键问题。早在 1947 年，Churchill 根据实测资料提出水库多年排沙比计算方法为[4]

$$\eta = f\left[\frac{V^2}{Q^2 L}\right] \qquad (1-1)$$

式中：η 为排沙比；V 为水库库容，m^3；Q 为计算期内的平均入库流量，m^3/s；L 为水库长度，m。

此后 Brune 根据美国和中国一些水库的淤积资料，认为水库拦沙效率与入库径流量和水库库容的比值有关[5]，即

$$\lambda = f\left[\frac{V}{I}\right] \qquad (1-2)$$

式中：λ 为拦沙效率；V 为水库库容，m^3；I 为计算期内的平均入库径流量，m^3。

根据式（1-2）绘制得到的关系曲线称为 Brune 曲线，如图 1-5 所示。由于参数获取比较容易，且具有一定的准确度，查 Brune 曲线是当前常用的估算水库拦沙效率的方法。

虽然 Brune 曲线绘制时是根据大型水库的数据得到的，但是根据后续数

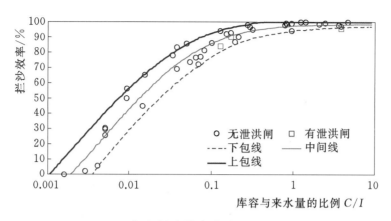

图 1-5　水库拦沙效率曲线（Brune 曲线）

据验证，这种水库拦沙效率的估算方法同样适用于山区中小型水库[6]。

除了淤积量，淤积形态也是水库尤其是水电站运行中关心的问题，同样数量的泥沙淤积在库区不同的部位对水库运行的影响也不同。通常把水库的淤积形态分为三类，分别是三角洲淤积、带状淤积和锥体淤积，如图 1-6 所示。实际上当水库达到淤积平衡后，尤其是坝前有发电引水和泄洪排沙设施时，其淤积形态一般都是三角洲淤积，带状淤积和锥体淤积是水库淤积过程中出现的特殊形态。我国众多学者和机构对淤积形态进行了大量细致的研究，提出了各种淤积形态形成的水沙条件，提出的淤积形态判别条件大多与入库水沙量、水库库容、坝前水深变化幅度等有关[2]。

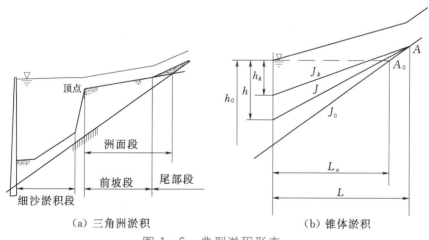

（a）三角洲淤积　　　　　　　　（b）锥体淤积

图 1-6　典型淤积形态

h_0 为淤积开始时的坝前水深；h 为淤积过程中的坝前水深；h_k 为淤积平衡后的水深；J_0 为天然河道坡降；J 为淤积过程中的河道坡度；J_k 为淤积平衡后的河道底坡；A_0 为坝前水位河床的交点；L_a 为 A_0 到坝址的距离；A 为淤积末端位置；L 为 A 点到坝址的距离。

以上所提出的水库淤积量和淤积形态的估算方法都是根据实测资料分析得到的，其通用性可能会受到当时所用的实测资料的限制。而根据泥沙运动的力学机理从数学上推导得出的理论方法则较为通用，这方面最具代表性的成果为非均匀沙不平衡输沙理论体系[7]，基于该理论建立的数学模型已经成为河流水沙输移数值模拟的理论基础，使采用数学模型计算水库淤积量和淤积的时空变化过程成为可能，该方法已经广泛应用于我国的水库泥沙淤积计算当中，结果与实际情况符合良好。

第三节　推移质对建筑物的破坏作用

一、推移质输沙量的确定方法

推移质是指随水流滚动或跳跃的粗颗粒的泥沙，具有明显的间歇性。受观测手段所限，很难直接获取关于河流推移质输沙量的准确值，河道中推移质输沙率的计算方法不下百种之多，每种计算公式的研究方法与立论基础往往也有所不同，其计算结果有时差别也比较大，主要有以下几种具有代表性的推移质输沙率公式，公式中 g_b 代表单宽输沙率。

1. 用拖曳力表示的推移质输沙率公式

这一类公式的出发点是，推移质输沙率主要决定于水流拖曳力，拖曳力越大，则推移质输沙率越大。具有代表性的公式如下。

（1）梅叶-彼得（Meyer-Peter）公式[8]：

$$g_b = \frac{\left[\left(\frac{K}{K'}\right)^{3/2}\gamma HJ - 0.047(\gamma_s-\gamma)D\right]^{3/2}}{0.125\left[\frac{\gamma}{g}\right]^{1/2}\left[\frac{\gamma_s-\gamma}{\gamma_s}\right]} \tag{1-3}$$

式中：K 为河床糙率系数的倒数，即 $K=U/(H^{2/3}J^{1/2})$；K' 为河床平整情况下的沙粒阻力系数，在充分发展的紊流情况下，$K'=26/d_{90}^{1/6}$。

（2）英格隆公式[9]：

$$g_b = \Phi\gamma_s\sqrt{\frac{\gamma_s-\gamma}{\gamma}gD^3} \tag{1-4}$$

式中：$\Phi=\frac{9.3}{\beta}(\Theta-\Theta_c)(\sqrt{\Theta}-0.7\sqrt{\Theta_c})$，$\Theta$ 为泥沙水流强度参数，采用 $\Theta=\frac{\tau_0}{(\gamma_s-\gamma)D}=\frac{\gamma}{\gamma_s-\gamma}\cdot\frac{hJ}{D}$ 进行计算；Θ_c 为泥沙起动时的水流强度参数，取

值为 0.047；β 为推移质运动中的动摩擦系数，英格隆建议取 $\beta=0.8$。

2. 用流速表示的推移质输沙率公式

建立这一类推移质输沙率公式的基本思路是，认为影响推移质输沙率强度的主要水力因素是水流流速，流速越大，则推移质输沙率也越大。具有代表性的公式如下。

（1）冈恰洛夫公式[10]：

$$g_b=K(1+\varphi)D(U-U_c/1.4)\left[\left[\frac{U}{U_c/1.4}\right]^3-1\right] \tag{1-5}$$

式中：K 在天然情况下取 3；φ 为紊动系数，当 $D>1.5\text{mm}$ 时，$\varphi=1$。

（2）列维公式[10]：

$$g_b=2D(U-U_c)\left[\frac{U}{\sqrt{gD}}\right]^3\left[\frac{D}{H}\right]^{\frac{1}{4}} \tag{1-6}$$

（3）沙漠夫公式[10]：

$$g_b=0.95D^{\frac{1}{2}}\left[U-\frac{U_c}{1.2}\right]\left[\frac{U}{(U_c/1.2)}\right]^3\left[\frac{D}{H}\right]^{\frac{1}{4}} \tag{1-7}$$

式中：$\frac{U_c}{1.2}$ 为止动流速，$\frac{U_c}{1.2}=3.83D^{\frac{1}{3}}H^{\frac{1}{6}}$。

（4）窦国仁公式[10]：

$$g_b=\frac{K_0}{C_0}\frac{\gamma\gamma_s}{\gamma_s-\gamma}(U-U_c')\frac{U^3}{g\omega} \tag{1-8}$$

式中：K_0 为综合系数，在天然情况下或当床面完全为卵石覆盖时，取 $K_0=0.1$；C_0 为无尺度谢才系数，$C_0=2.5\ln\left(11\frac{H}{D_{50}}\right)$；$U_c'$ 为不计黏性项的起动流速，$U_c'=0.265\ln\left(11\frac{H}{D_{50}}\right)\sqrt{\frac{\gamma_s-\gamma}{\gamma}gD}$；$\omega$ 为泥沙沉降速度，$\omega=1.068\sqrt{\frac{\gamma_s-\gamma}{\gamma}gD}$；$D_{50}$ 为河床质中值粒径。

（5）秦荣昱公式[11]：

$$g_b=K\gamma_s(P_0-P_s)HU\left[\frac{U}{U_0}\right]^3\left[\frac{D_0}{H}\right]^{\frac{1}{6}} \tag{1-9}$$

式中：P_0 为床沙可动输沙百分比；P_s 为床沙可悬浮百分比；U、H 分别为推移质输沙区的平均流速和平均水深；D_0 为不均匀床沙在 U、H 作用下的起动粒径；U_0 为不均匀床沙颗粒 D_0 的起动流速；K 为系数，当 $D_0\leqslant D_{\max}$ 时，

$U = U_0$，$P_0 < 1$，$K = 1.132 \times 10^{-4}$，当 $D_0 > D_{\max}$ 时，$U_0 = U_{0m}$（U_{0m} 为床沙最大颗粒的起动流速），$\dfrac{U_0}{U} = \dfrac{U}{U_{0m}} > 1$，$P_0 = 1$，$K = 1.51 \times 10^{-4}$。

3. 基于水流功率理论建立的推移质输沙率公式

这一类公式的理论出发点是能量平衡原理。水流为维持泥沙处于推移状态，必然要消耗一部分有效能量，这一点不仅从理论上很好理解，也早为实践资料所证实，因此一些学者纷纷从这个角度出发来研究泥沙的输沙率。具有代表性的公式如下。

（1）拜格诺公式[9]：

$$g_b = 0.01 \frac{\gamma_s \tau_0 U^2}{(\gamma_s - \gamma)\omega} \tag{1-10}$$

式中：$\tau_0 = \gamma HJ$；ω 为泥沙沉速，其他符号同前。

（2）雅林公式[9]：

$$g_b = 0.635 D U_* \gamma_s R \left[1 - \frac{1}{aR}\ln(1 + aR) \right] \tag{1-11}$$

式中：$R = \dfrac{\Theta - \Theta_c}{\Theta_c}$，$\Theta = \dfrac{\gamma}{\gamma_s - \gamma} \cdot \dfrac{HJ}{D}$，$a = 2.45\sqrt{\Theta_c}\left(\dfrac{\gamma}{\gamma_s}\right)^{0.4}$，当泥沙起动时，取 $\Theta_c = 0.047$。

（3）艾克尔斯及怀特公式[9]：

$$g_b = 0.025 \gamma_s D U_* \left[\frac{1}{0.17} \times \frac{U'_*}{\sqrt{\dfrac{\gamma_s - \gamma}{\gamma} gD}} - 1 \right]^{1.5} \tag{1-12}$$

其中

$$U'_* = \frac{U}{\sqrt{32} \lg \dfrac{10H}{D}}$$

4. 基于沙波运动理论的推移质输沙率公式

这一类公式的出发点是根据推移质运动通常是以沙波形式来体现的，它必然与推移质输移密切相关，因而通过研究沙波的运行情况来建立推移质输沙率公式就成为一种直接而较为有效的手段。具有代表性的公式如下。

（1）张瑞瑾公式[12]：

$$g_b = 0.00124 \frac{\alpha \rho' U^4}{g^{3/2} H^{1/4} D^{1/4}} \tag{1-13}$$

式中：ρ' 为泥沙干密度；α 为体积系数，如果将沙波纵剖面近似看成三角形，则 $\alpha = 0.5$。

（2）赵连白、袁美琦公式[13]：

$$g_b = 0.8978 \frac{U^4}{g^{3/2} H^{1/4} D^{1/4}} \qquad (1-14)$$

5. 基于统计分析方法建立的推移质输沙率公式

这一类公式是考虑了泥沙运动的随机性质，采用概率论和力学分析相结合的方法，研究大量彼此独立的泥沙颗粒在一定的水流条件下最有可能出现什么情况，最后导出的推移质输沙率公式。最具代表性的为爱因斯坦公式，其结构形式如下[10]：

$$1 - \frac{1}{\sqrt{\pi}} \int_{-B^* \Psi - \frac{1}{\eta_0}}^{B^* \Psi - \frac{1}{\eta_0}} e^{-t^2} dt = \frac{A^* \Phi}{1 + A^* \Phi} \qquad (1-15)$$

其中

$$\Psi = \frac{\gamma_s - \gamma}{\gamma} \cdot \frac{D}{R_b' J}, \Phi = \frac{g_b}{\gamma_s} \left[\frac{\gamma}{\gamma_s - \gamma} \right]^{1/2} \left[\frac{1}{gD^3} \right]^{1/2}$$

式中常数主要根据试验资料确定，$1/\eta_0 = 2.0$，$A^* = 43.5$，$B^* = 1/7$；R_b' 为与沙粒阻力有关的水力半径，在床面平整、不存在沙波时，$R_b' = R_b$；如水流属于二元水流，两壁阻力可以忽略不计，则 $R_b' = R_b = H$。爱因斯坦公式反映了推移质输沙强度 Φ 与水流强度 Ψ 之间的函数关系，水流强度越大，Ψ 值越小，Φ 值就相应加大，表明推移质输沙强度也就越大。

推移质输沙率计算方法大多是基于有限的观测或计算资料确定的，即使是从理论上推导得到的计算方法最后也难免会出现一个甚至多个参数无法确定的问题，也需要根据实测资料来率定参数。因此，推移质输沙率公式虽然众多，但是实际应用中却存在巨大的困难，有些公式计算结果的差别可以达到成百上千倍[14]，因此，很多区域推移质输沙率计算时都先要对大量公式进行比选后才能采用。采取分散度比较法对 8 个具有代表性的推移质输沙率计算公式，利用长江上游 8 个测站（点）共计 1290 组实测资料对其进行检验后发现：各公式的计算结果非常分散，其中 Engelund - Hansen 公式精度相对最高，Yalin 公式次之；若计算水流强度和输沙强度大的河流（如乌江、虎跳峡上峡口）时，Parker 公式计算精度较高。各家公式并不适用于受下游峡谷洪水期壅水影响的河段（如奉节河段）[15]。基于水槽实验结果对大量推移质输沙率公式进行对比，一致认为梅叶-彼得公式与实验结果最为接近[16-17]，这与采用天然河流推移质测量数据验证的结果有所不同。造成这种差异的主要原因在于公式本身的来源不同，有些是来自天然河流数据率定得到的，有些是采用水槽实验总结得到的，因此在实际使用中要注意公式的来源，或对公式中的系数参数取值进行率定。

　　大量关于推移质输沙率的研究结果表明，推移质输沙量与流速的 4 次方成正比[12]，或与河流的底坡的高次方成正比[18]，这是得到共识的。河流的流速与底坡成正比，山区河道的底坡量级多在 1‰ 量级，平原河道的底坡则多在 1/10000 量级，两者相差百倍，因此山区河流推移质泥沙量要远大于平原河流，推移质的粒径也远大于平原河流，推移质的破坏作用也相对较大。

　　由于推移质资料难以获取，山区河流的推移质资料尤其缺乏，如何确定推移质的数量和级配存在一定的困难。除了推移质输沙率计算方法，还有以下两种关于推移质输沙量的确定方法：第一种是采用推悬比，即推移质输沙量与悬移质输沙量的比值来推测推移质量。山区河流的推悬比取值范围一般为 5‰～30‰，但推悬比的取值缺少理论基础，实际应用也存在一定的困难。第二种是基于岩性分析的推移质输沙量估算方法，根据河段出口断面的床沙或推移质粒径级配和矿物组成，结合考虑上游干支流来沙的同类资料，首先估算出每一组粒径不同来源所占百分数，然后根据其中一条支流的已知推移质来量即可估算出口断面的推移质输沙总量[14]。

二、推移质对建筑物的破坏作用

　　山区河流推移质不仅输沙量大，而且推移质以卵石以上粒径的石块为主，加之推移质随水流运动速度快，其动量巨大，撞击作用对建筑物造成的破坏不可小视。推移质（粗沙、砾卵石、块石等）对建筑物的撞击作用大小取决于流速、流态、推移质数量、粒径、形状、运动方式等。对建筑物的破坏程度与过流时间、建筑物体型、材料的抗冲磨能力有关。由于重力作用，磨损部位大都集中于底部，在有平面弯道的情况下，凹面一侧磨损较大，有些工程既有悬移质的磨损，又有推移质的磨损。工程运行实践还表明，高速挟沙水流的磨蚀，往往与空蚀、冲刷、冻融（寒冷地区的工程）相伴发生并互为影响，它们的共同作用会加剧破坏。水流中的沙石之所以能造成泄水排沙建筑物的磨损，是由于水流中的沙粒具有足够的动能，它所具有的能量来源于挟沙水流，当沙粒冲磨固体壁面材料时，把一部分或全部能量传给壁面材料，在材料表层转化为表面变形能从而造成材料的磨损。

　　泄洪排沙建筑物的水流流速较大，往往产生空化与空蚀现象，过流表面的磨损，既有沙粒的切削撞击磨损，又有空蚀磨损，二者相互促进，使磨损愈演愈烈。当流速达到一定值时，空蚀磨损就可能发生，其界限流速约为 15m/s。

空蚀破坏的根源是空化泡溃灭所产生的巨大冲击压力，就其性质而言，与泥沙颗粒的撞击磨损类似。空蚀对过流面的平整度十分敏感，过流面很光滑时，即使流速较高，也不至于产生空蚀破坏，但是过流表面的微小突起即可引起强烈的空化与空蚀。微切削磨损可以使过流面变光滑，而撞击磨损则不能。

原水电部十一工程局勘测设计院曾进行过推移质对泄水建筑物磨损的调查，分析了国内泄水建筑物破坏的原因，罗惠远将调查结果按照闸坝、洞管、渠道、消力池等四类分别论述了推移质对不同建筑物的破坏情况[19]。与水电站相关的水工建筑物破坏与修复典型案例如下。

（一）闸坝的磨损

1. 石棉冲沙闸（中国）

石棉冲沙闸为开敞式双孔闸，每孔净宽 6m，溢流段总宽 17m，闸身底板水平，长 13m，闸后由 0.5m 高跌坎与陡坡衔接，陡坡长 38m，纵坡 1：18.8，尾部为 5m×5m×1m 铅丝笼填筑的海漫，长 15m。闸室底板为 150 号钢筋混凝土衬砌，厚 3m，陡坡为 1～2m 厚 150 号钢筋混凝土结构，并埋设有各种试验性材料构件。建筑物上游河道较陡，平均纵坡 4.7%，推移质平均粒径为 40～50cm，最大粒径达 1.0～1.5m；实测最大悬移质含量为 129kg/m³。一般泄水时，闸身陡坡流速为 10～12m/s。

1965 年过水，洪峰流量为 380m³/s，历时不长。过闸推移质滚动撞击，响声如雷鸣，有大卵石跃出水面，人站在导墙上会感到震动。停水后检查，上游铺盖与闸身、闸墩、边墙离底板 5m 范围内钢筋裸露，闸底槛工字钢毁坏，破裂扭曲，闸后跌坎除磨去厚 30～40cm 浆砌卵石外，还把闸底板钢筋混凝土磨去 70～80cm，陡坡段沿闸孔中心磨成深沟，φ25 钢筋均磨断，弯向下游，头部尖利，沟内平均磨深 20～30cm。

埋设的各种试验性材料构件，每个汛期的磨损为：钢轨嵌入青杠木，青杠木磨损 6～8cm；钢轨嵌入铸石砖，铸石砖尚完整，磨损轻微；花岗岩条石 8～10cm；砂岩条石，表面磨损均匀，一般为 2～3cm；浆砌大卵石磨损 8～10cm，最大达 15～20cm；呋喃混凝土，施工质量较差，平均磨损 2.3cm；环氧混凝土，有明显磨损迹象；铸石板 40cm×30cm×4cm，冲走、砸碎、龟裂占 77%；铸石砖（平砌）24cm×22cm×15cm，磨去突角，个别砸击缺角，大体完好；铸铁板，磨损较小，易于锈蚀。

2. 头屯河引水泄洪闸（中国）

1964 年投入使用，共 3 孔，单孔宽度 6m，墩高 1.9m，消力池长 130m。坐浆砌石，砌石由精选硬度大、四边修整成规整的 50～70cm 的方形块石砌筑。通过闸孔的推移质粒径 30cm 左右，最大粒径达 70～80cm。泄流时，作用水头 4.5m，收缩断面流速 7～8m/s。运用 10 年后检查，大卵石表面磨损 4～5cm，混凝土砂浆填缝磨损约 10cm。

3. 格尔木引水闸（中国）

1971 年起用，8 孔，单孔尺寸为 5m×2.8m，平底。20 号混凝土衬砌。推移质最大粒径 50cm 左右。常年流量 20m³/s，最大流量 433m³/s。经检查，在闸门下游 4～10m 范围内的底板，有 3 处磨损深约 35cm 的大坑，小的磨损坑十余处，坑深约 10cm；过流闸墩边墙亦有擦痕，一般粗骨料裸露，个别部位磨损深 2～3cm。

4. 巴曼活动坝（苏联）

长倾斜式溢流槽。槽底为方格形混凝土埋石，埋石粒径为 40～50cm，有些地方铺设 50cm 的灌浆块石。推移质粒径大于 10cm 的占 25% 以上。设计流量 150m³/s，一般泄流量为 80～100m³/s，流速约 4.5m/s。1937 年运用后，混凝土埋石每年都要修补，铺石几乎全部冲毁。1952—1953 年在溢流槽四个方格中改用 20m×30m 松木护面，每根松木用两根螺栓固定；消力池护以槽钢，上敷扣紧的木板。观测证明，木料护面与金属抗磨情况良好。

5. 宁干渠节制闸（苏联）

闸渠为混凝土底板。后来溢流面改为枕木，枕木上沿顺流方向铺设一排厚 4cm 的松木板。推移质为砂砾石。设计流量 12m³/s。1939 年过水，在初期运行中混凝土底板遭到极大磨损。洪水过后，混凝土底板常出现很多孔穴，有的深达 50cm，每年都需修补。1958 年 4 月，溢流面改用木衬后，至 1963 年春护面仍旧完好，仅在木板顶端有不大的开裂。

6. "五一"坝（苏联）

为溢流坝，下游设有消力池。溢流坝面与消力池均采用厚 40cm 的花岗岩块护面。河流挟带大量砂砾石。设计流量 722m³/s，曾过流量 200m³/s，坝后收缩断面流速 8～9m/s。1929 年开始运用后，由于推移质冲击，溢流坝面及反弧段均遇破坏，至 1936 年消力池的花岗岩磨损深度达 15～20cm。

1940 年溢流面曾铺设钢轨，几次洪水过后，就有部分损坏。为了减少消力池的磨损和解决消能问题，1942—1943 年在消力池内增设消力槛，消力槛用少筋混凝土浇制，其中部分槛用方木护面。经几年运用后，没有护面的消力槛完全被冲毁，而用方木护面的消力槛仍旧完好。

7. 普拉墩取水工程（法国）

取水工程溢流段用落叶松方木护面。个别推移质有重达几吨的石块。过水后，未发现护面有损块现象。

8. 库加尔特闸（苏联）

设 5 孔闸门，其中 4 孔单宽 6m，1 孔 4m，总溢流段宽 33.5m。闸底板水平长约 13.5m，后接 7.3m 短护坦，混凝土护底总长 22.9m。溢流段采用混凝土护面。常年推移质 35.5 万 t，洪水期间有大量大于 40cm 的砾石。1934 年当实测流量为 130m³/s 时，其含沙量为 1.9kg/m³，粒径大于 20cm 的占 22.5%，1～20cm 的占 48%。原设计流量 180m³/s，设计水头 1.0m；1935 年将设计水头提高到 1.7m。

该闸从 1930 年至 1960 年运行 30 年间，闸底板和护坦的混凝土屡遭毁坏，混凝土表面形成无数磨损坑，每次均用混凝土修补。1960 年洪水期间，由于泥沙磨损，混凝土底板磨穿，基础被淘刷，深达 2.85m，造成闸墩倒塌而失事。

9. 苏联某泄水闸

4 孔，闸身水平段长约 12m，闸下有 6m 长斜坡段，后接 6m 长水平段，尾部以斜坡护面与下游河道相连。底板为混凝土护面。过闸推移质粒径从细沙到 20cm 的卵石，洪水期个别蛮石粒径可达 1m。一般洪水流量为 200～300m³/s，设计下游水位较高，水面坡降为 0.007～0.015。1941 年开始运用，初期磨损不大。1951 年 5 月，在 2h 内通过特大洪水，流量达 70～800m³/s，由于下游受冲刷尾水位下降 3.5m，增大了闸下流速，造成严重磨损与冲刷，其中第一孔，闸底板磨损深 30cm，闸下斜坡段磨损深 40cm，水平段磨损深 60cm，第二孔闸底板磨损深 45cm，闸下斜坡段磨损深 70cm，前几次检修中铺设的 18 号槽钢网格中，横向槽钢冲掉 90%，纵向槽钢显著变薄；第三孔闸底板磨损深 20cm，斜坡段磨损深 35cm；第四孔闸底板磨损深 15～20cm，斜坡段磨损深 20cm。第 2～3 孔闸后水平段除磨穿混凝土底板外，底部软基遭到冲刷，有坑 5 处，一般冲坑面积为 0.7～1.3m²，坑深 1～1.3m，唯第三孔后水平段混凝土底板被掀掉，冲坑面积约 4m×6m，深 0.8～1.3m，使相邻上下游斜坡混凝土板处于悬空状态，险些失事。

（二）隧洞的磨损

1. 头屯河泄水洞（中国）

泄水洞压力段长 93.2m，为圆拱形直墙式 4m×4m 断面，明流段长 120m，断面为 4.5m×5.7m。用 300 号钢筋混凝土衬砌，底板及侧墙高 1m 范围内的混凝土表面浇筑一层厚 5cm 石英砂混凝土抗磨层。天然河道多年平均推移质总量 24 万 t，最大粒径 70～80cm，平均粒径约 30cm。设计水头

40.1m，相应洞内流速23.8m/s，实际运用流速约12m/s。1966年投入运行。1967—1968年共过水60d，1969年3月检查发现压力段的磨损有约40cm的深坑，左侧靠底部角点磨成深沟约30cm，其他部位平均磨损深20cm左右，表层钢筋全部切断。弧形门底槛工字钢翼缘被磨掉，腹板磨成刀刃。明流段平均磨深约5cm，露出表层钢筋，侧墙除底角外尚完好。1969年冬，压力段底板及底角点用厚4cm铸钢板镶护，明流段未处理。1970年冬检查，压力段尚属完整，明流段磨损严重，表层钢筋已磨除，左侧磨成深沟约40cm。回填混凝土134m³，折合平均磨损深度达25cm。明流段修复后，曾在闸门全开过水近1h，洞内推移质基本上是在头半小时通过的，混凝土表面磨损2～3cm。

2. 莫拉乐隧洞（意大利）

隧洞为6m×4.5m马蹄形断面。混凝土衬砌厚为0.25～0.4m。洞内最大流速为12m/s。建成后运用不足两年，隧洞底部遭到严重磨损破坏，其中最大磨损深度达3.2m。

3. 格林峡右岸泄洪隧洞（美国）

隧洞直径12.5m，其下游段先期作导流用，末端设有挑流鼻坎。混凝土衬砌。水流挟带天然河沙与砾石。1964年2月开始运行，初期导流4年，沿隧洞整个长度在底拱中心线两侧约2.74m范围内都被磨损，普遍骨料裸露，最大磨损深度为4.4cm。后在隧洞边墙0.61m以下用环氧混凝土做了修补，而底拱中心线处的环氧混凝土表面比原混凝土表面高出2.62cm，并向两侧逐渐减少，侧边用环氧砂浆抹平。

4. 皮阿斯导流隧洞（印度）

5条导流隧洞，直径9.14m，总长5017m。钢筋混凝土衬砌，抗压强度为21MPa，进洞的推移质最大粒径达25cm。导流洞进口行进流速约2.6m/s，洞内流速12.2m/s。1970年过水，1971年1月对一条洞进行了检查，发现底拱混凝土磨损严重，在底拱中心角120°范围内最明显，最大磨损深度为10～12.5cm，钢筋裸露，受磨面积占底拱面积的68%。其余4条洞也进行了抽水检查，亦磨损严重。修复中，对磨损深度大于3.75cm的用干硬混凝土衬补，小于3.75cm的用喷浆处理，对小于2.5cm的未予修补。修复后，再次过水，由于库水位抬高，进口行进流速小，推移质不易入洞，洞内流速虽高达24.4m/s，经检查磨损不明显。

5. 格林峡左岸泄洪隧洞（美国）

隧洞直径12.5m，其下游段先期作导流用，末端设有挑流鼻坎，混凝土衬砌。导流挟带物为施工期开挖石渣等。由于隧洞进口位于河床以上较高位置，导流期间上游来流仅含有悬移质。在隧洞进口段施工期间，掉进隧洞大量石渣未予清理，1964年2月隧洞初期运行中洞内产生水跃，在水跃长度范围内产生严重磨损，底拱最大磨损深度达24.4cm，钢筋被切断。随着泄流量的增大，洞内形成射流，水跃被推出洞外，同时洞内石渣等物随水冲出洞外。此后未发生磨损现象。上述磨损毁坏部位曾用环氧混凝土修补，侧墙以环氧砂浆抹平。

6. 兰梅萨泄洪隧洞（美国）

隧洞直径6.4m，下游段先期作导流用，末端设挑流鼻坎。混凝土衬砌。下泄推移质为砂砾石及开挖石块等。该隧洞于1963年10月导流，1966年1月抽水检查，发现从末端挑流鼻坎向上游109.73m开始，有长56.08m的底板遭到磨损，磨损宽度在底拱中心角120°度范围内，但磨损较严重的区域在宽度为2.29m的范围内。磨损深度为2.54~13.33cm。毁坏面用环氧混凝土坡补，侧边以环氧砂浆抹平。

7. 安德逊·兰切导流洞（美国）

导流洞直径6m，混凝土衬砌。导流时挟带河道天然泥沙。隧洞导流后，经检查发现底部磨损深度为7.4cm。

8. 黄尾泄水洞（美国）

泄洪洞直径10m，其下游段先期作导流用。混凝土衬砌。挟带河道天然泥沙。在3.5个月的导流期间，大流量时为挑流消能，小流量时，则在洞内形成水跃，导致底板磨损破坏，底板磨得光滑，最大磨损深度为4cm，几个工作缝出现剥落现象。后改为永久泄洪洞时，底部进行了专门处理。

（三）消力池的磨损

1. 蒲坊主坝溢洪道消力池（中国）

溢洪道5孔，孔宽9.4m，闸墩厚2.7~3.2m，溢流坝段总宽64m，消力池全长8m，采用二级底流式消能形式。消力池底板厚1.5m，为150—20号钢筋混凝土结构，钢筋保护层10cm。沙石粒径约5cm。设计流量4700m³/s，收缩断面流速为21m/s。该工程处于清水河流，由于运用中闸门没有对称开启，形成平面回流，将下流河道沙石卷入约10m³，从而产生磨损毁坏。1967年5月建成后，开始泄量较小，1969年泄量增至2480m³/s，汛后潜水检查，仅发现3处小面积磨损，每处磨损面积约0.5m²，磨损深度为10cm。1970年泄放流量经常为20~600m³/s，汛后潜水检查发现磨损部位达10余处，每处磨损面积达5~6m²，磨损深度达15~16cm，最深达25cm，钢筋裸露。

2. 黄坛口溢洪道消力池（中国）

8 孔溢洪道，孔宽 10.5m，闸墩厚 2m，总宽 98m，其中东 4 孔宽 50m，西 4 孔宽 48m，东 4 孔底板比西 4 孔底板高 1m。消力池长 35m，底板为钢筋混凝土结构，厚 1.75m，表层为厚 40cm 的 170 号混凝土，水灰比 0.65。卷入池内的多为砂砾石。设计流量 3500m³/s，1958—1962 年泄洪 210 次，最大流量达 3380m³/s，在经常性小流量时，多开西 4 孔的 2 号、3 号孔，使东 4 孔形成大面积回流。1958—1962 年运行期间，由于消力池大面积回流，从下游河道卷入大量砂砾石，对消力池底板磨损严重，毁坏面积大，东 4 孔几乎全遭破坏，磨损深度达 20～25cm，表层受力钢筋折断。

1965 年修复中，凡钢筋外露、锈蚀、折断损坏严重者，均挖去一层老混凝土，重新铺设钢筋，浇注厚 40cm 的一层钢筋混凝土，表面仅粗糙不平、粗骨料裸露磨损轻微者，采用喷浆处理，有的部位用 8 号铅丝、网目 10cm×10cm、30 号水泥砂浆的铅丝网喷浆处理。

3. 安德逊兰切溢洪道消力池（美国）

设有两扇 7.62m×6.71m 弧形门控制的明渠陡槽溢洪道，另设 5 根泄水管，出口以 1.83m 空注阀控制流量，空注阀安装在溢洪道斜槽底板以下，泄入溢洪道消力池。消力池长 32m，宽 30.48m，混凝土衬砌。池内推移质多为石块、岩屑、砂砾石等。1950 年开始运用，在灌溉季节泄水管经常过水。1959 年 10 月抽干消力池时，发现有 458.7m 的石块留在池中。这些石块是陡槽左岸填方松动的坍方。清除后，发现底部磨损严重，轻者粗骨料裸露，重者磨损深度为 25.4cm，并延伸底板以上边墙 30.5cm 高度。同时发现初期磨损的粗糙面已产生了空蚀。修复中，磨损深度大于 3.8cm 的用环氧混凝土回填，小于 3.8cm 的则用环氧砂浆修补，修补面边缘做成坡形，以适应高速水流的要求。

4. 大约瑟夫溢洪道消力池（美国）

溢洪道 19 孔，每孔用 12.2m×13.5m 的弧形门控制流量，消力池下游段设有消力墩和尾槛各一道。消力池底板低于下游河床 3.66m。混凝土衬砌最小厚度为 1.53m。混凝土设计强度为 21MPa，水灰比为 0.4～0.49，坍落度为 5.1cm，加气剂为 4%～6%，骨料最大粒径为 7.6～15cm。泄流挟带物为块石和砂砾石。设计流量为 35400m³/s，正常水位时，上下游落差为 46m。

1952 年完成消力池浇筑后，在梳齿导流期间，上游围堰和导水墙护坡的石块被水流带进消力池。由于消力池水流不对称，又从河道卷进一些砂砾石。这些推移质在消力池内随水流运动回旋撞击，造成消力池磨损毁坏。经潜水员 3 次检查发现，消力池底板凹凸不平，有 42 处大面积磨损破坏，最大磨损深度达 1.48～1.54m，部分消力墩和尾槛遭到严重破坏。进入消力池内的块石磨成圆形，有少量磨光的钢筋头。

5. 邦纳维尔溢洪道消力池（美国）

溢洪道 18 孔，消力池内设有两排消力墩。混凝土衬砌，其抗压强度为 350MPa。消力池内有碎石及土石围捻冲积物等。设计流量为 45300m³/s，实际运用流量为 25300m³/s。1937 年开始导流，在此期间，12—7 坝段（相应 12—17 孔）溢流坝顶低于设计高程 9.76m，作为第二期施工导流槽。由于导流槽进口低，使上游围捻堆积物进入消力池产生磨损。经检查，在 14～15 坝段之间有一较大磨损坑，长 13.7m，深 28.3cm。工程建成后，消力池磨损发展缓慢，经过 12 年运用，磨损深度才增至数英寸。修复时增补一层掺入一种研磨过的铁屑或铁粉的混凝土，实践证明有一定抗磨作用。

6. 康恰斯溢洪道消力池（美国）

溢流坝高 54.2m，坝后消力池长 41m，池内设有一排高 2.4m 的消力墩和一道 3.66m 的尾桩。混凝土结构，池内推移质为砂砾石。设计流量为 5150m³/s，运行期间总泄水量约为 8.66 亿 m³。1941 年工程投入运行，1944 年抽水检查发现消力池大部分良好，在消力墩至尾槛之间的底板上发现有磨损，其深度为 10～30cm，两侧导墙及消力墩下游也遭到磨损，其深度约为 15cm。这种磨损由消力墩后形成的旋涡引起。

7. 大古里消力戽（美国）

混凝土重力坝，高 167m，溢流坝后实体消力戽，半径 15.2m，混凝土结构。冲进戽斗内的砂砾石最大粒径为 61cm，小卵石粒径为 18～31cm。设计流量为 2850m³/s，工作水头为 85.5m。在消力戽的模型试验中观察到，因消力戽标高较低，稍大流量就可将下游覆盖层砂石卷入戽内，充满戽斗，砂石堆积形状的剖面大致呈抛物线形。1943 年运行后，经潜水检查发现下游河道的砂砾石被漩涡卷入戽斗内，造成较大磨损，平均磨损深度为 5.08cm，最深达 45.7cm，磨损总体积达 824m³。

8. 巴克拉溢洪道消力池（印度）

溢流坝顶设有 4 孔 15.2m×4.5m 弧形门的溢洪道，并在溢洪道 8 个坝块上布置两层共 16 个底孔。坝后消力池末端设一道尾槛，高 1.5m。为了便于检修，在溢洪道中间设一道中导墙，将水流分成两股。溢洪道表面铺一层厚 2.1m 的混凝土，消力池表面混凝土厚为 0.9m，混凝土抗压强度为 300MPa，凡表面不平整度超过 3mm 时，均进行了磨光处理。消力池内堆积物多为沙砾石、石渣等。溢流道设计流量为 8212 m³/s，单宽流量为 108m³/s。消力池底板低于下游河床 15m，消力池水深 23m。因消力池底板很低，水跃旋滚将下游泥砂砾石卷入消力池，对消力池底板产生磨损。1958 年初次运行，汛后抽水检查，发现大量砂砾石卷入池内，清除后发现底板磨损 5～8cm。随即铺砌了下游河床。1959 年右岸隧洞临时出口破坏，部分石渣碎屑滑入池内。1959—1961 年又有较大洪水通过。1962—1963 年，进行潜水检查，发现池内堆积卵石、砾石及钢筋碎屑等将近 1530m³。清除堆积物后发现，除消力池下游段 30m 范围内磨损较轻外，其余部分均磨损 15～30cm，两岸导墙磨损严重，左导墙附近坑深 1.06m，消力池上游坡面磨损坑深约 0.6m。

造成消力池破坏的原因主要是泄水建筑物进水口高程低，推移质随流而下，梳齿导流或泄洪闸门启闭不对称，形成平面回流带进下游沙石，消力池低于天然河道，岸坡坍方，以及不合理弃渣和管理不善等。

第四节　水　轮　机　磨　蚀

一、泥沙对水轮机的磨损机理

携带泥沙的高速水流，对水轮机过流表面产生的破坏称为磨蚀。它包括冲磨和气蚀两种破坏形式。

对水轮机过流部件的表面产生冲磨破坏，主要是悬移质破坏。它是一种单纯的机械破坏。由于悬移质泥沙颗粒较小，在高速水流的紊动作用下，能充分与水混合，非常均匀地与水一起运动。高速水流挟带的悬移质在移动过程中对水轮机过流表面的破坏作用，表现为磨损、切削和冲撞。含悬移质的高速水流对水轮机过流表面的冲磨破坏速度与泥沙运动状态，水流形态，水流速度，悬移质含量，悬移质颗粒粒径、形状和硬度以及水轮机材料的抗冲磨强度等因素有关。

对水轮机过流部件造成破坏的另一种作用是气蚀。在高速水流的条件下（水头大于 30m，或流速大于 25m/s），由于水流流态的突然变化，造成局部压力降低。当低压区的压力低于该温度下水的气化压力时，水开始局部气化而形成气泡（空穴），这些气泡随着水流运动进入高压区时，又迅速破灭。此时在过流表面便形成类似爆炸的冲击力，而且频率很高，从而对水轮机过流表面进行剥蚀，即气蚀破坏。气蚀破坏主要是由水轮机转轮叶片形状不合理、加工工艺粗糙和运行管理不善等原因造成的。气蚀破坏与水流流速的高次方（5～8次方）成正比。

冲磨与气蚀可以单独产生，但冲磨破坏会使过流表面产生凸凹不平，从而使水流条件恶化，引起气蚀破坏。气蚀破坏气泡溃灭时的冲击能量又加速了冲磨破坏的进程。两种破坏联合作用，相互促进，又加速了对水轮机的破坏进程。

当在比较平顺的绕流过程中，细沙对过流表面冲刷、磨削和撞击所造成的表面磨损比较均匀时称为绕流磨损。其演化过程是过流表面先抛光发亮，再变成浅波浪形或鱼鳞坑状，最后加深串通成沟槽状。当过流表面出现过大的凹凸不平（如鼓包、砂眼等），叶片翼型误差较大或者偏离设计工况过大时，均会出现脱流磨损。脱流磨损对过流部件的损坏具有严重的威胁，而且对多泥沙水质的水电站，由于这种汽蚀与磨损同时存在，其破坏情况远比清水汽蚀经历的时间长，因此这种脱流磨损更具有广泛的代表性。

泥沙对水轮机部件的磨损程度主要根据在一定的时间内材料的磨损面积和磨粒浓度的大小等判断[20]。通常用式（1-16）表示磨损深度：

$$\delta = \frac{1}{\varepsilon} K S V^m T \qquad (1-16)$$

$$K = K_{size} K_{shape} K_{hardness} K_g K_{flow} K_{others} \qquad (1-17)$$

式中：δ 为计算部位的平均磨损深度，mm；ε 为材料的耐磨系数；K 为单位含沙量的磨损能力综合系数，可由统计资料或泥沙磨损试验装置试验确定，与泥沙级配、形状、硬度等有关；K_{size} 为磨粒的平均粒径系数，试验结果表明，当磨粒的平均粒径大于 0.05mm 时，磨损会急剧增加（图 1-7）；K_{shape} 为磨粒的形状系数，一般来说，尖锐形磨粒的磨损能力比圆颗粒大；$K_{hardness}$ 为磨粒的硬度系数，当泥沙颗粒的硬度大于材料硬度时，磨损急剧增大；泥沙中的石英和长石等硬颗粒的数量越多，磨损越严重；K_g 为磨粒的容重系数，容重越大，打击力大，磨损越严重；K_{flow} 为磨粒的流动状态系数，包括磨粒打击材料表面的速度、角度、频率等，与水轮机的部件和运行工况有关；K_{others} 为其他因数系数；S 为过机平均含沙量，kg/m³；V 为水流相对速度，m/s，混流式或轴流

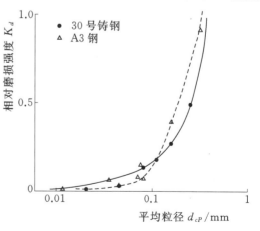

图 1-7　相对磨损强度与泥沙平均粒径

转桨式的活动导叶，V 通常取最优工况的导叶出口速度；混流式或轴流转桨式转轮，V 通常取最优工况的叶片出口相对速度；冲击式 V 取喷嘴射流速度；冲击式转轮 V 取射流速度的 $1/2$；m 为与水流流态有关的速度指数，平顺绕流时 $m=2.3\sim2.7$，冲击时 $m=3\sim3.3$ 或更大；T 为运行时间，h。

大量试验结果表明，颗粒越大对水轮机的磨损越严重，分界粒径可以粗略定为 0.05mm，$d<0.025$mm 的泥沙基本不造成磨损[21]。打击力一般在垂直于水流方向的过流部件表面最大，而颗粒的切削作用在与过流部件表面成 $45°$时最大。磨损与水流相对流速的 $2\sim3$ 次方成正比，因此速度是影响磨损的关键因素。设计中一般将水轮机相对流速不大于 45m/s 作为减少泥沙对水轮机磨蚀的约束条件之一。综合来看，对于过机泥沙平均粒径大于 0.05mm、平均含沙量超过 0.2kg/m³ 且水头较高的水电站需要关注泥沙对水轮机的磨损问题。

二、泥沙对水轮机的磨损实例

泥沙磨损水轮机是全世界水电站遇到的共同问题，山区河流水电站问题尤为突出。如印度北部喜马拉雅山区的许多水电工程面临严重的泥沙磨损问题[22]。该区域河道比降大，悬移质泥沙平均含量均超过了 0.2kg/m³，泥沙对水轮机主要水下部件和水电站其他元件的磨损严重。典型案例的包括：Giri 水电站（净水头 147.5m，立轴混流式水轮机），受损部件为转轮、导叶和球阀密封，损坏频度为每 6 个月 1 次；Shanan 水电站（净水头 487.7m，卧轴 2 喷嘴 15MW 机组和立轴 2 喷嘴 50MW 机组），受损部件为转轮、针阀、喷嘴、挡板和阀门，损坏频度为每 6 个月 1 次。

富尔普姆斯水电站是奥地利境内水轮机磨损问题最严重的水电站[23]。该水电站于 1977—1983 年兴建，位于鲁埃茨河的弯道处，装有两台立轴混流式机组。鲁埃茨河的平均含沙量为 1kg/m³，河流中的泥沙包含一种粒径较小的冰川沙，其棱角较锐利，难以通过沉淀进行分离，因此对水轮机造成严重的磨损。从富尔普姆斯水电站磨损问题的历史看，所有过水部件都出现了大量的磨损，使这些部件的寿命仅有 1 年。通常的年度大修，包括检修转轮、活动导叶以及更换所有护面板和抗磨环，导致水电站运行维护费用较大。

水轮机的泥沙磨损是我国水电站建设中的一个突出问题[24]。大多数出现严重泥沙磨损的水电站是在 20 世纪 70 年代中期以后陆续发电的，如三门峡、青铜峡、天桥、渔子溪、南桠河等。一些有水库的水电站，运行初期过机泥沙少，运行一段时间后，水库逐渐淤满或泥沙推移到坝前时磨损才明显起来。

如刘家峡、龚嘴等。不仅黄河中下游年平均含沙量大于数十公斤每立方米的水电站水轮机会发生严重的磨损，年平均悬移质含沙量很低的水电站也产生了水轮机过流部件的严重破坏。如葛洲坝水电站共装机 21 台，从 1981 年 7 月到 1988 年 12 月已全部投入运用，葛洲坝水电站运用初期叶片表面经 1～2 个汛期，即出现大面积的波纹，局部不平整与材质缺陷处还出现了凹坑与沟槽，当二江电站机组运行近 7 万 h 后，大部分机组叶片出水边已平均磨损达 7～8mm[25]。二江电站水轮机叶片出水边磨损的速率呈明显加速的趋势，初期每运行 1 万 h 的平均破坏速率为 0.1～0.8mm，1994 年 5 月已增长到 0.6～1.8mm，为初期的 2～6 倍。二江电站机组叶片外缘间隙加速扩大的现象尚不明显。大江电站 14 台机组叶片出水边的磨损速率每万小时平均达 3.5mm，也比二江电站机组快得多。大江电站 20 号机的叶片间隙安装时为 8.5～10mm，1988 年 6 月实测已增大了 0.7～7mm，1991 年 4 月已增大至 22～25mm，说明外缘间隙的扩大也是加速发展的。大量报导与实地考察还表明，在水轮机通流部件表面，不仅出现了大面积的相对较浅、较均匀的波纹、鱼鳞状磨损，而且还出现了大量破坏较深的局部磨损。主要有：叶片头部、吊孔区、外缘边（啃边）、焊缝区、材质的局部缺陷与不平整区等，这些局部磨损区的坑穴，最深的达到 30～50mm。葛洲坝（宜昌站 1950—2005 年平均）多年平均含沙量约 1kg/m³。葛洲坝水电站每台机组进水口下方都设有一个冲沙底孔，大江电站还设有冲沙泄洪闸。根据葛洲坝水电站对过机泥沙的实测结果，通过葛洲坝机组的泥沙比原有天然状态细很多。最大粒径从 1.24mm 减小到 0.2～0.5mm，中值粒径 d_{50} 从 0.034mm 减小到 0.007～0.019mm。只有大江电站靠右岸的少数几台机组在较大流量时才稍粗。新疆喀什、西大桥、红山嘴等水电站则由于大量推移质泥沙进入发电引水系统而导致水轮机磨损更加严重。

龚嘴水电站是典型的山区河流上修建的水电站，处于大渡河流域梯级开发的倒数第二级[26]。大渡河多泥沙，年输沙量 3370 万～10000 万 t，实测最大含沙量为 27.6kg/m³，最小含沙量为 1.5kg/m³，入库悬移质平均粒径为 0.098～0.131mm，最大粒径为 2.7mm。1971 年 10 月蓄水至 1983 年间，三角洲淤积洲头并未出库，时段内过机泥沙较少，泥沙出库率仅为 21.7%～53.4%，颗粒粒径也较细。1982 年过机泥沙仅 591 万 t，过机泥沙的中值粒径为 0.015～0.025mm，该时段内水轮机磨蚀较轻微，以 3 号机为例：1983 年 1 月 31 日检查时无明显磨蚀痕迹，基本上是以局部气蚀为主，呈明显蜂窝状，发生部位在叶片迎水面边缘和正面尾部，局部有 5～8mm 的线状槽痕，单个叶片的最大气蚀面积为 0.154m²。1983 年汛期，三角洲淤积洲头出库后，沉沙库容所剩无几，过机泥沙数量猛增，泥沙颗粒粒径也明显粗化。实测 1985 年过机泥沙达 1250 万 t，过机最大粒径达 1.72mm，至此，水轮机开始进入严重的磨蚀损坏期。在 1985 年底 3 号机大修中发现：仅叶片在一个大修周期内（3 年），出现大面积磨蚀沟槽，14 个叶片磨蚀损坏的总面积达 10.42m²，由此可见，粗沙过机的磨蚀损坏威力日趋明显[27]。

据资料统计[28]，我国中小水电站总装机约 2200 万 kW，有泥沙磨蚀的水轮机共 1.3 万台，约 660 万 kW，占总容量的 30%；已建的 32 座大型水电站中，有 22 座遭受磨蚀破坏，水轮机被泥沙磨蚀的约 132 台，损失发电能力 1200 万 kW 以上。尤其是黄河干流上几座水电站和西南地区的水利水电工程，因悬移质含沙量大、进入引水系统的粗沙多等原因造成磨蚀问题十分突出，严重影响了水电站效益的正常发挥。

参 考 文 献

[1]　J. Lewin. British River [J]. George Allen and Unwin，1981，216.

[2]　谢鉴衡. 河床演变及整治 [M]. 北京：中国水利水电出版社，1997.

[3]　郑守仁. 我国水库大坝安全问题探讨 [J]. 人民长江，2012，43 (21)：1-5.

[4]　CHURCHILL M A. Discussion of "Analysis and Use of Reservoir Sediment Data" by L. C. Gottschalk [C]. Federal Inter-Agency Sedimentation Conference，Denver，Colorado，1947，139-140.

[5]　BRUNE G M. Trap Efficiency of Reservoirs [J]. Transactions of American Geophysical Union，1953，34 (3)：407-418.

[6]　DENDY F E. Sediment Trap Efficiency of Small Reservoirs [J]. Journal of Soil & Water Conservation，1974，17 (5)：898-901.

[7]　韩其为. 非均匀悬移质不平衡输沙 [M]. 北京：科学出版社，2013.

[8]　沈正潮. 推移质输沙率计算公式的比较和标准化问题 [J]. 浙江水利科技，2004 (6)：9-12.

[9]　钱宁. 推移质公式的比较 [J]. 水利学报，1980 (4)：1-10.

[10]　中国水利学会泥沙专业委员会. 泥沙手册 [M]. 北京：中国环境科学出版社，1992.

[11]　秦荣昱，王崇浩. 河流推移质运动理论及应用 [M]. 北京：中国铁道出版社，1996.

[12]　张瑞瑾. 河流泥沙运动力学 [M]. 2 版. 北京：中国水利水电出版社，1998.

[13]　赵连白，袁美琦. 沙波运动与推移质输沙率 [J]. 泥沙研究，1995 (4)：65-71.

[14]　郭庆超，董先勇，俞三大，等. 金沙江下游干流及主要支流推移质沙量研究 [M]. 北京：中国水利水电出版社，2019.

[15] 金中武，卢金友，姚仕明. 长江上游推移质泥沙输沙率公式的检验 [J]. 水利学报，2009，40 (11)：1299－1306.

[16] 董占地，吉祖稳，胡海华. 怒江中游河段推移质输沙率计算公式的试验研究 [J]. 泥沙研究，2010 (5)：7－12.

[17] 王承，杨克君. 推移质输沙率公式比较与分析 [J]. 吉林水利，2013 (6)：14－18.

[18] 王士强，钟德钰，刘金梅. 冲积河流泥沙基本与实际问题研究 [M]. 北京：清华大学出版社，2018.

[19] 罗惠远. 推移质对泄水建筑物磨损的工程实例 [J]. 水力发电，1981 (1)：36－42.

[20] 刘光宁，陶星明，刘诗琪. 水轮机泥沙磨损的综合治理 [J]. 大电机技术，2008 (1)：31－37.

[21] 上官永红，汤永明，刘会平. 新疆红山嘴一级水电站水轮机抗泥沙磨损研究 [J]. 水电站机电技术，2006 (4)：29－32.

[22] KHERA DV，等. 水轮机的泥沙磨损问题 [J]. 水利水电快报，2002 (2)：27－28.

[23] 李修树. 水轮机的泥沙磨损问题 [J]. 水利水电快报，1997 (11)：28－29.

[24] 顾四行. 我国水轮机泥沙磨损研究 50 年 [J]. 水电站机电技术，2005 (6)：60－60.

[25] 吴培豪. 长江泥沙与葛洲坝、三峡水电站水轮机磨损问题 [J]. 人民长江，1994 (5)：36－41.

[26] 侯远航，钱冰，向虹光. 龚嘴水电站水轮机泥沙磨损处理的启示 [J]. 水电与新能源，2010 (6)：3－5.

[27] 黄国辉. 龚嘴水库泥沙淤积与水轮机磨损 [J]. 四川水力发电，1999 (12)：33－36.

[28] 邢广彦，张兰. 多泥沙河流水轮机的磨蚀与防护措施 [J]. 黄河水利职业技术学院学报，2003 (10)：16－17.

第二章

山区河流低水头水电站引水防沙措施

过机泥沙平均粒径大于 0.05mm，过机多年平均含沙量超过 0.2～0.4kg/m³ 的水电站，要认真考虑减轻泥沙磨损的措施[1]。山区河流低水头水电站缺少拦沙库容，往往需要采用水库、引水渠、沉沙池等多种措施协同降低引水发电的含沙量，因此其枢纽布置方式对于发电引水含沙量的影响较大，需要在这方面做更多的考虑。水库由于壅水作用沉积了部分泥沙，客观上起到了降低含沙量的作用，但是这种沉沙作用并非设计的本意且很难具有持续减沙作用，因此在这里不做重点介绍，有关库区淤积和排沙的内容参见第三章。山区河流低水头水电站中引水防沙的关键在于避沙和沉沙，避沙的关键在于避免泥沙进入引水系统，沉沙的关键在于使对水轮机磨损较大的泥沙在通过发电机组前快速沉降。避沙是通过对引水口位置和高程的优化来实现的，沉沙则是通过选择合适的沉沙池来实现的。下面分别介绍这两种引水防沙建筑。

第一节 引 水 口 布 置

一、平面位置

山区河流低水头水电站一般库容都不会太大，水库库容与入库沙量（库沙比）相对比较小，调节较弱，泥沙容易淤积到坝前。从平面布置上来看，这种水电站的取水口一般要放在坝体的侧面，避免泥沙正面进入，可以减少泥沙进入取水口的量。

由于弯道缓流的作用，一般河流的凹岸表层水流含沙量较小，因此取水口的位置宜取在弯道凹岸环流最强的地方。典型的弯道环流结构如图 2-1 所示。弯道水流在科氏力和重力的双重作用下，表层水流从凸岸流向凹岸，造成凹岸水位高于凸岸，垂直于流向形成了横比降。而底层水流则从凹岸流向凸岸，以维持水量平衡。这一特殊的水流现象使位于河道底层的推移质凹岸向凸岸转移，从而淘刷了凹岸底部，使凹岸岸坡非常陡峭，甚至发生崩岸后退，同时凸岸则由于泥沙淤积不断淤积，形成了如图2-1所示的横断面。

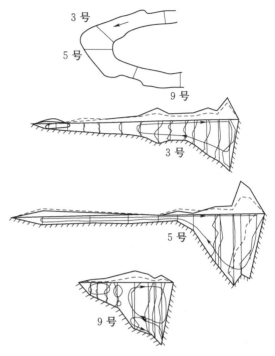

图2-1　实测弯道断面形态及环流结构[2]

从水流和输沙结构来看，宜将取水口设置在弯道顶部或靠近弯道顶部下游，上层含沙量较小的水流流入取水口，含沙量较大的底层水流则离开取水口，从而防止推移质进入取水口，同时大幅地减少了悬移质进入取水口。

无坝取水的取水口位置最好选择在弯道顶部下游。有的试验结果表明，弯道取水口位置不仅与河面宽度有关，与河道轴线的曲率半径也有关，并根据试验结果提出了取水口至弯道起点距离的计算方法为[2]

$$L = KB\sqrt{4\frac{R}{B}+1} \qquad (2-1)$$

式中：L 为取水口至弯道起点距离，m；K 为比例系数，当 $K=0.8\sim1.0$ 时，相当于凹岸最大水深和最大单宽流量所在之处，引水条件最好；R 为弯道半径，m；B 为弯道平均河宽，m。

式（2-1）是根据规则的圆弧形水槽实验结果得到的，难免与实际情况有所出入。在天然河道条件下，考虑防止推移质入渠时，得出取水口距弯道起点距离的计算方法为[3]

$$L = 0.058\frac{RB}{h}(c+0.4) \qquad (2-2)$$

式中：R 为弯道曲率半径，m；B 为引水渠宽度，m；c 为引水渠单宽流量与河道单宽流的比值；h 为弯道平均水深，m。

根据理论分析和实测资料，同时考虑减少推移质和悬移质的情况，得到

的弯道取水口位置至弯道起点距离的计算方法为[4]

$$L = \frac{1.6 \Delta y C^2 h_1}{1 + \frac{3}{4} \frac{B_1}{R_1}} \left(\frac{B_0 h_0}{Q} \right)^2 \qquad (2-3)$$

式中：Δy 为弯道起点与取水口位置的水面落差，m；C 为谢才系数；B_0、h_0 分别为弯道起点处的河宽（m）和平均水深（m）；B_1、h_1、R_1 分别为取水口处的河宽（m）、平均水深（m）及弯道曲率半径（m），计算时近似地取弯道顶点附近的数值；Q 为河道流量，m^3/s。

此外，取水口闸应尽可能靠近河岸，以减少闸前引水渠长度，防止引水渠过长而引起泥沙淤积，尤其是当引水渠闸门关闭时容易产生回流淤积，导致引水流量不足等问题。

二、引水口高程

引水口高程的确定是避沙的另一个关键问题。引水口高程的确定，除应考虑能确保引取必需的设计流量外，还应着重考虑最有效地防止悬移质和推移质进入取水口。在引水流量不大时，取水口高程应尽可能抬高，以引取上层含沙量较小的水流。当取水口高程位于 $y = 0.5h$（河底高程加水深的一半）以上时，就能引取含沙量较小的水流，对减少悬移质进入取水口极为有利。另外，由于位置较高，推移质一般不会进入取水口。同时由于引取的水流均指向凹岸，使进入取水口的水流较为平顺，因而阻力损失较小，有利于减少流量损失[4]。

在引水流量较大的情况下，若按上述方法确定取水口高程，则取水口位置偏高，难以达到设计的引水保证率。可以采用加大取水口宽度或降低取水口高程的方法，当加大取水口宽度受到条件限制时，往往采用降低取水口高程。这时候就需要从取水和防沙两方面进行优化。

山区河道中推移质较多，而推移质一般都是贴着床面行进，因而取水口要比河道底部高一些，这样可以避免大部分推移质进入。另外，由于悬移质含沙量沿垂线具有"上稀下浓"的特点，取水口高程设置合理也可以减少悬移质进入引水系统的量。常用的悬移质沿垂线分布规律为[5]：

$$\frac{S}{S_a} = \left| \frac{\frac{h}{y} - 1}{\frac{h}{a} - 1} \right|^{\frac{\omega}{\kappa U_*}} \qquad (2-4)$$

式中：S 和 S_a 分别为所求的含沙量和特定位置的含沙量，kg/m^3；h、y、a 分别为总水深和距离水面特定位置的水深，m，与 S 和 S_a 对应；ω 为泥沙沉速，m/s；κ 为卡门常数，通常取 0.40；U_* 为摩阻流速，m/s。

式（2-4）中的指数 $\dfrac{\omega}{\kappa U_*}$ 称为悬浮指标，用字母 Z 表示，代表了重力作用与紊动扩散作用的对比关系，悬浮指标越大，表明重力作用相对越强，悬移质含沙量在垂线上的分布越不均匀，即底部含沙量与上层含沙量之比越大。反之，悬浮指标越小，则泥沙在垂下线上分布越均匀，不同悬浮指标下泥沙沿垂线分布规律如图 2-2 所示。

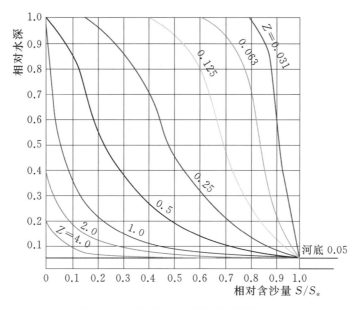

图 2-2 相对含沙量沿垂线的分布

贡炳生[4]提出了一种确定取水口高程的方法，可以在实际应用中借鉴。首先根据取水口附近的流态确定悬浮指标，根据悬浮指标查找相对含沙量沿垂线分布曲线上的拐点值，初步确定取水口高程，然后根据式（2-5）计算扬动流速：

$$V_s = \frac{A}{\kappa Z \sqrt{g}} \left[\frac{h}{d}\right]^{\frac{1}{6}} \omega \qquad (2-5)$$

式中：V_s 为扬动流速，m/s；ω 为泥沙沉速，m/s；κ 为卡门常数，通常取 0.40；d 为推移质粒径，m；Z 为悬浮指标；g 为重力加速度；A 值的确定一般采用近似取值，当颗粒形状比较规则、排列较紧密时，取 $A=23\sim24$；当颗粒形状不够规则、排列较松散时，取 $A=19\sim20$。若取水口处垂线平均流速小于扬动流速，则推移质不会进入取水口，所选定的高程即可满足要求，否则需要增加取水口高程或降低取水口附近的流速。最后再判断该取水口高程能否满足引水流量的要求。如不满足引水流量，则需要增加引水口宽度或降低引水口高程。

第二节　沉　沙　池

一、沉沙池类型

沉沙池是用以沉淀挟沙水流中颗粒大于设计沉降粒径的悬移质泥沙降低水流中含沙量的建筑物[6]。根据沉沙池形状和运行方式可以将沉沙池分为不同的种类。根据形状划分的沉沙池类型主要有：沉沙条渠、厢式沉沙池、沉沙漏斗（漏斗式沉沙池、排沙漏斗）、圆中环沉沙池。根据沉沙池排沙运行方式可以分为：定期冲洗式沉沙池、连续冲洗式沉沙池、机械清淤沉沙池和不冲洗沉沙池。下面按照沉沙池的形状进行分类介绍。

1. 沉沙条渠

沉沙条渠是利用天然洼地形成长度较长的宽浅土渠沉沙地淤满后可还耕或清淤后可以重复利用。沉沙条渠适用于河流纵坡和两岸地面坡度比较平缓且河道与地面的高差比较小的平原地区。主要利用渠道附近大片洼地或盐碱地、荒地围堤沉沙，经过沉沙后的清水送至田间或供水处。在我国黄河下游和新疆地区使用较多。因黄河下游河床高于地面，两岸有很多洼地可用于沉沙，黄河引水有足够水头把含沙水流送至离岸边较远的沉沙池；新疆地区地势比较平坦，在农业灌溉用水中，因没有足够的水头来冲沙，所以也多使用不冲洗沉沙池[7]。典型沉沙渠平面图见图 2-3。

2. 厢式沉沙池

厢式沉沙池是一种规则整齐的厢槽沉沙设施，因此又称直线形沉沙池，按沉沙厢的多少可分为单厢、双厢、多厢等。

单厢沉沙池是最简单的一种，在池的末端设冲沙底孔，用以冲洗沉淀在池中的泥沙。单室沉沙池冲沙时，必须停止供水，以免冲沙时将大量泥沙带入渠道。带有侧渠的单厢沉沙池，冲沙时可以由侧渠供水，但这时供水的含沙量是比较大的。为了减少入渠泥沙量，尽量选在需水量小的时候进行冲洗。当引水流量过大时，单室沉沙池的尺寸较大，其冲洗时间较长，效果不好，这时可以采用双厢或多厢沉沙池。双厢沉沙池的设计一般有两种情况：一是

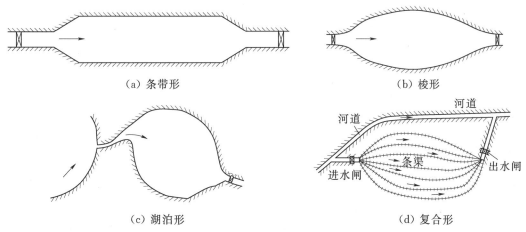

（a）条带形　　　　　　　　　　　　　　（b）梭形

（c）湖泊形　　　　　　　　　　　　　　（d）复合形

图2-3　典型沉沙条渠平面图

沉沙池中每个池厢都能通过总干渠的全部流量，可以轮流冲洗，连续供水；二是沉沙池的每个池厢只通过总干渠流量的一半。当一个池厢冲洗时，另一个池厢则通过超额流量。多厢沉沙池的每个池厢通过的流量可以平均分配。一个沉厢冲洗时，其余各沉厢共同通过全部流量。多厢沉沙池不但可以连续供水，而且冲沙流量也小。

厢式沉沙池形态比较规整，池厢平面形态大多是矩形，可以采用定期冲洗或连续冲洗的方式进行排沙。

定期冲洗厢式沉沙池一般是两厢或多厢沉沙池，排沙设施多设置在池厢末端，冲洗时需要暂停池厢运行，通过水流将淤积在池厢内的泥沙从池厢末端的排沙设施排出，一个或多个池厢冲洗时其他池厢承担全部的输水沉沙功能，通过不同池厢交替工作来实现连续的沉沙输水。典型定期冲洗厢式沉沙池平面图见图2-4，定期冲洗厢式沉沙池横断面图见图2-5。

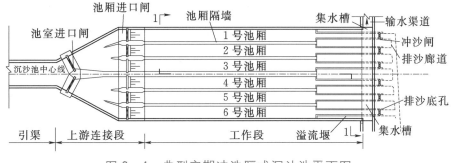

图2-4　典型定期冲洗厢式沉沙池平面图

连续冲洗厢式沉沙池一般通过设置在池厢底部的排沙廊道将淤积在池厢里的泥沙连续冲刷排出，由于池厢冲洗时不会影响正常的沉沙输水功能，因

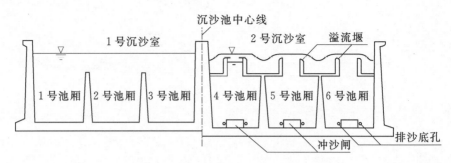

图2-5　定期冲洗厢式沉沙池横断面图

(图2-4中1—1剖面)

此连续冲洗厢式沉沙池一般只需要一个池厢,有时出于定期维修需要也会设置备用池厢。典型连续冲洗厢式沉沙池平面图见图2-6,连续冲洗厢式沉沙池横断面图见图2-7。

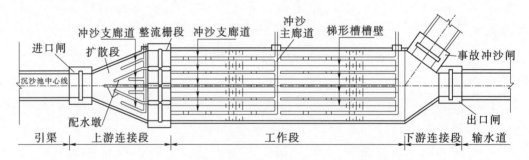

图2-6　典型连续冲洗厢式沉沙池平面图

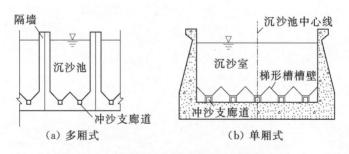

(a) 多厢式　　　　　　　(b) 单厢式

图2-7　连续冲洗厢式沉沙池横断面图

3. 排沙漏斗

排沙漏斗又称漏斗式沉沙池、沉沙漏斗等,其基本原理是通过重力和科氏力将水流和泥沙进行分离。我国常用的排沙漏斗是在苏联学者沙拉克霍夫(Salakhov)发明的"环流室"排沙设施基础上改进完成的[8],典型排沙漏斗平面图见图2-8,排沙漏斗剖面图见图2-9。

排沙漏斗设计之初是为了解决推移质泥沙进入发电机组的问题，大于 0.2cm 的推移质泥沙可以全部从排沙漏斗底孔排入河道，排沙效率（从底孔排入河道的泥沙与水流带入漏斗的总泥沙量之比）达 90% 以上，清水（含小于 0.2cm 的泥沙）从上口半圆周直墙溢出[9]。排沙漏斗最大的优点在于可以实现连续冲洗，后期维护

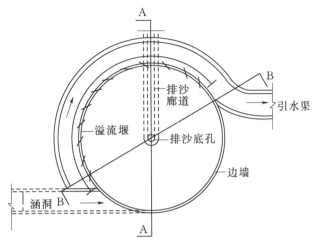

图 2-8　典型排沙漏斗平面图

成本低，排除同样体积泥沙的条件下其耗水率也相对较低[10]，对于干旱缺水地区、推移质来量较大的地方、高含沙河流都有一定的适用性。

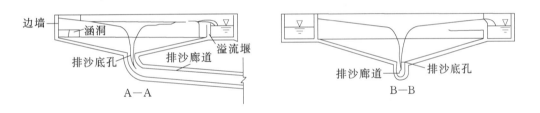

图 2-9　排沙漏斗剖面图（图 2-8 中 A—A 剖面和 B—B 剖面）

4. 圆中环沉沙池

圆中环沉沙池利用环流引水、重力沉沙的原理，采用连续引水、间歇冲沙的工作方式[11]。圆中环沉沙池存在泥沙分选现象，水沙分离依靠重力沉降，具有沉沙粒径范围大、截沙率高、排沙耗水率较小等特点，大于 1 mm 粒径范围截沙率为 100%，溢流堰长短是影响沉沙效率的重要因素[12]。在设计中，根据水流水沙特性，结合沉沙池底，在沉沙池前修建深窄式矩形引水渠道，形成壅高水位，以满足池中心圆形出水口的自由水头。水流进入关闭冲沙闸的有压涵洞后，在压力作用下，挟沙水流由沉沙池中心的圆形出水口呈辐射状进入沉沙池，在水位上升过程中泥沙逐渐沉积在冲沙道中，水沙分离后的水逐渐装满整个沉沙池，当水位达到沉沙池内侧墙壁高度即溢流面高度时，水从溢流面跌入外侧的环形进水渠，在出水口汇集，最后进入引水干渠，泥

沙在池内沉积。典型圆中环沉沙池结构见图 2-10。

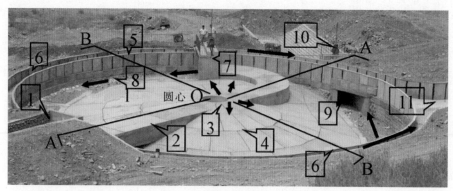

（a）模型平面图

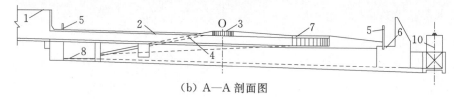

（b）A—A 剖面图

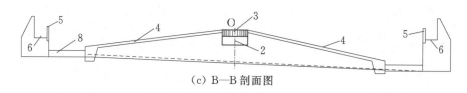

（c）B—B 剖面图

图 2-10 典型圆中环沉沙池结构[12]

1—进水渠；2—进水廊道；3—中心出水环；4—倒锥底坡；5—溢流堰；6—汇流槽；
7—环流闸；8—冲沙槽；9—冲沙廊道；10—冲沙闸；11—出水渠

二、沉沙池选型原则

水力冲洗式沉沙池应具有足够的冲沙水头及流量。若地形开阔，水电站和水利工程中的沉沙池宜选用定期冲洗式沉沙池；地形狭窄水电站沉沙池宜选用连续冲洗式沉沙池；山区丘陵区且有足够冲洗水头的水利工程沉沙池在对环境无不利影响条件下宜选用多室定期冲洗式沉沙池；平原地势低洼地区的水利工程沉沙池宜选用条渠沉沙池；当冲沙水头不足时可采用机械清淤式沉沙池；采用机械清淤的沉沙池应有足够的堆沙场地且不致对该地区环境和工程造成不利影响[6]。

在水电站沉沙池选型中还要考虑能否满足减少水轮机磨损的要求。沉沙池设计最小沉降粒径可根据水轮机的额定水头来确定，推荐的分界粒径见

表 2-1[6]。大于等于设计最小沉降粒径的泥沙沉降率宜取 80%～85%，同时也要考虑进入沉沙池的含沙量。若进入沉沙池的含沙量比较小，要将 80%～85% 大于等于设计最小沉降粒径的泥沙去除，需要很大的沉沙池规模，而实际上当含沙量小到一定程度后泥沙对水轮机的磨损可以不用考虑，如图 2-11 所示。不同的水轮机过流方式、发电水头对应不同的含沙量阈值，当交点处于 A 区时，不需要减少含沙量；当交点处于 B 区时可以降低含沙量或者通过采取一定的防冲、抗磨措施来保障降低水轮机磨损速度；当交点处于 C 区时，需要通过沉沙池降低含沙量至安全阈值以内。因此在沉沙池设计中要根据泥沙级配、含沙量等综合确定泥沙沉降效率。

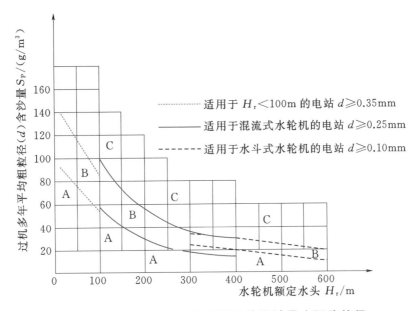

图 2-11　不同额定水头下沉沙池设计最小沉降粒径

表 2-1　　　　　　　　不同额定水头下沉沙池设计最小沉降粒径

额定水头/m	<100	100～300	300～500	≥500
设计最小沉降粒径/mm	0.35	0.25	0.15	0.1

三、不同沉沙池的适用条件

选择哪种沉沙池作为沉沙设施首先需要依据沉沙目的和场地条件。对于淤地或排沙场地充足的地方，可以选择无冲洗沉沙池。这种情况一般出现在灌溉引水工程中。水电站引水，一般首先选择可冲洗沉沙池，这种沉沙池不仅占地较小，后期维护成本也相对较低。

定期冲洗沉沙池结构相对比较简单，运行比较可靠，但是缺点在于需要占用的场地比较大，在场地比较开阔的地方可以考虑使用。山区河道低水头水电站一般都位于小河道上，河道狭窄，可利用的场地不是太大，所以这种沉沙池对于山区河道低水头水电站适用性稍差。

连续冲洗沉沙池缺点在于结构相对比较复杂，施工要求相对比较高；其优点在于占用场地小，运行维护成本低。只要具备足够的冲沙流量和上下游水头差就可以满足运行要求，而这一点正是山区河道低水头水电站所具备的。因此连续冲洗沉沙池在山区河道低水头水电站沉沙中可以优先考虑。

连续冲洗沉沙池一般的结构形式包括连续冲洗厢式沉沙池、排沙漏斗和圆中环沉沙池。排沙漏斗和圆中环沉沙池是实际应用较多的连续冲洗沉沙池。排沙漏斗由于对粗沙排沙效率高、耗水量小，且能够持续排沙，因此在新疆地区得到较为广泛的应用[13-15]，在黄河流域也有少量的应用案例[16]。新疆等排沙漏斗应用成功的案例是由于当地来沙推移质较多，泥沙粒径大，排沙漏斗中的流速挟带这种粒径泥沙的能力很小，即使含沙量不大也可以达到较好的排沙效果。黄河流域则以悬移质为主，但水体含沙量大，年均含沙量可以达到几十千克每立方米以上，这其中大于挟沙力的部分容易沉积在排沙漏斗中，因此其泥沙排除率会比较高。圆中环沉沙池的泥沙处理方式和处理范围与排沙漏斗较为接近，因此也在新疆的水电站上得到了应用[17]。

第三节　典型工程实例简介

上马相迪 A 水电站位于尼泊尔境内喜马拉雅山南麓马的相迪河上游，天然河道底坡 1.25%，正常蓄水位 902.25m，坝前水深约 14m，水库总库容为 69.7 万 m³，属于典型的山区河流低水头水电站。发电引水额定流量为 50m³/s，装机容量为 50MW。枢纽建筑物包括拦河闸坝、进水闸、沉沙池、引水隧洞、调压井、压力管道、地面发电厂房、开关站及送出工程等。

拦河坝采用混凝土重力坝，坝顶高程 906.00m。泄水闸布置在河道中央，建筑物布置从左岸到右岸依次为：左岸混凝土刺墙、左岸混凝土重力坝段 1、进水闸段、左岸混凝土重力坝段 2、泄水闸段、右岸混凝土重力坝段长 11m，挡水建筑物总长度为 108.25m。[18]

泄水闸布置在河床主河道位置，共 3 孔，为开敞式泄流，单孔净宽 12m，泄洪闸闸墩厚 3m，溢流段总宽 54m，闸顶高程 906.00m。泄水闸为平底闸型，闸底高程 888.25m。每孔设一扇弧形钢闸门挡水，由坝顶液压式启闭机启闭。泄水闸上游侧设一道叠梁检修门，由坝顶门机启闭，泄水闸顶门机轨道梁上游侧设有行人交通桥，宽 3.5m。闸室顺河向长度 30m，闸后采用底流消能方式，闸后设 35m 长的钢筋混凝土消力池。消力池末端设有 45m 长的海漫，采用浆砌块石护底和干砌块石护底，海漫末端设有深 1.5m 抛填块石防冲槽。闸室下游左岸设有钢筋混凝土导墙，以防止水流冲刷河岸。

引水系统布置在左岸，由进水闸段、沉沙池、暗涵进水闸、暗涵段、引水隧洞、调压井及高压引水道等建筑物组成。进水闸段头部设有清污机及拦污栅，拦污栅共设 2 孔，单孔宽 7m，底高程为 896.50m，检修平台高程 906.00m，拦污栅启闭采用与泄水闸共用门机。拦污栅后设两孔进水闸，闸孔单宽 7m，启闭采用台车，进水闸段长 16m（含闸室段）。沉沙池采用定期冲洗式，沉沙池由连接段、进口控制闸、工作段、出口控制闸及冲沙系统组成。进水闸段与沉沙池工作段采用长 69.543m 渐变段连接。渐变段末端设有 4 孔进口控制闸，共用 1 扇工作闸门控制沉沙池冲洗。工作段长 90m，共分 4 个池室。沉沙池单室宽 7.5m，断面采用矩形断面：底宽 7.5m，首部长 6m 斜坡段，池底高程 896.00～894.00m；其后长 84m 池段，池底高程 894.00～892.50m，底坡 1.78%，顶高程 906.00m。沉沙池右侧边墙在桩号引 0－102.410～引 0－085.410 处设有自由溢流堰，堰顶高程 902.30m，堰净宽 15m，下游堰底高程 887.50m，出口采用 C25 混凝土跌水坎接至河床。沉沙池末端设有 4 孔排沙孔，断面为矩形断面，孔口尺寸：3m×2m（宽×高），底高程 892.50m，沉沙池每孔排沙孔各设有一道事故闸门和一道工作闸门，孔口尺寸：3m×2m（宽×高），底高程 892.50m。冲沙系统由冲沙闸、排沙箱涵及排沙渠组成。暗涵进水闸紧接着沉沙池左侧端部布置，为岸塔式。暗涵进水闸孔口尺寸：5.6m×5.6m（宽×高），底高程 892.50m，闸顶高程 906.00m。

暗涵进水闸后接暗涵段，长 118.09m，断面为矩形，断面内尺寸 5.6m×5.6m（宽×高）。其后接引水隧洞，长 4970.378m，开挖断面为圆形，开挖洞径 6.6m。调压井型式采用阻抗式，调压井总高度为 60.50m，调压井阻抗孔直径为 3.2m，大井直径 10m。高压引水道全长 247.209m，由上平段、竖井段、下平洞段、岔管段及压力支管段组成，上平段、竖井段、下平洞段头部采用钢筋混凝土衬砌，开挖直径 6.6m，衬砌厚 0.5m，衬砌后内径 5.6m；下平洞段渐变段后采用钢板衬砌，开挖直径为 4.6m，钢管内径为 3.6m。支管段内径为 2.4m，钢管外侧回填 C20 混凝土。

上马相迪 A 水电站综合采用水库、排沙闸、引水渠和排沙漏斗协同联动的引水防沙体系。其中水库的运行方式为常年维持在正常蓄水位，汛期根据泥沙淤积情况打开泄洪闸进行排沙，因此水库在引水防沙方面的主要作用有：以库代沉，降低进入引水渠的含沙量；泄洪排沙，防止推移质进入引水系统。冲沙闸的运行方式为：当入库流量大于引水流量时，在冲沙闸的泄流能力范围内，优先使用排沙闸泄流排沙，减少引水口附近泥沙淤积，减少进入引水系统的沙量。引水口高程高出河底约 7m，一方面可以减少引水含沙量，同时可以较大程度上避免推移质进入引水渠。汛期水流通过引水渠后进入排沙漏斗，经过排沙漏斗的沉沙作用后，从排沙漏斗悬板溢出的水流进入发电引水口；非汛期入库水流以雪山融水为主，水流清澈，不需要特殊处理即可进入机组发电，因此非汛期排沙漏斗一侧的闸门处于关闭状态，水流通过引水渠左侧的闸门直接进入发电引水隧洞，不再经过排沙漏斗。上马相迪 A 水电站首部枢纽见图 2-12。

图 2-12 上马相迪 A 水电站首部枢纽

上马相迪 A 水电站 2016 年汛后蓄水发电，经过 2017 年和 2018 年两年的实践检验，证明了这套引水防沙系统的有效性。取得有益效果包括：①同样排沙效率下，排沙漏斗建设成本低，节约建设成本约 1078 万元；②与厢式沉沙池相比，排沙漏斗定期清淤等运行维护费用较低，每年可减少运行维护费用约 35 万元；③有效应对了水库泥沙淤积和排沙问题，降低了泥沙淤堵闸门造成的防洪风险；④减少了过机含沙量和有害泥沙数量，减缓了水轮机磨损，水轮机大修周期预计可以达到 5 年以上；⑤由于泥沙问题造成停机时间大幅减少，实际年装机利用小时数可以的达到 7300h 以上，这其中多是得益于电站摆脱了泥沙问题的困扰。

　　下面章节将详细介绍该电站泥沙问题的解决思路和解决方法，并对实际运行结果进行详细的分析。

参 考 文 献

[1]　刘光宁，陶星明，刘诗琪. 水轮机泥沙磨损的综合治理 [J]. 大电机技术，2008 (1)：31-37.

[2]　谢鉴衡. 河床演变及整治 [M]. 北京：中国水利水电出版社，1997.

[3]　杨松泉. 侧面取水中的几个问题 [J]. 武汉水利电力学院学报，1963 (4)：44-58.

[4]　贡炳生. 弯道环流及其与断面形态关系 [J]. 重庆交通大学学报（自然科学版），1985，4 (2)：48-54.

[5]　ROUSE H. Experiments on the Mechanics of Sediment Suspension [C]. Proceedings of the 5th International Congress on Applied Mechanics，New York，1938.

[6]　(SL/T 269—2019) 水利水电工程沉沙池设计规范 [S]. 北京：中国水利水电出版社，2019.

[7]　刘焕芳，汤骅，宗全利，等. 沉沙池设计理论及应用研究 [M]. 北京：中国水利水电出版社，2016.

[8]　周著，王长新. 强螺旋流排沙漏斗的模型试验和原型观测 [J]. 水利水电技术，1991 (11)：44-48.

[9]　周著. 强螺旋流排砂漏斗简介 [J]. 新疆农业大学学报，1987 (1)：97-98.

[10]　王顺久，周著，侯杰，等. 漏斗式全沙排沙设施模型试验及原型观测 [J]. 水力发电，2000 (7)：31-33.

[11]　刘积林，薛世柱，季成. 新疆灌区"圆中环"水沙分离沉沙池原理浅析 [J]. 石河子科技，2014 (3)：7-8.

[12]　张军，侍克斌，高亚平，等. "圆中环"沉沙排沙池浑水沉沙特性 [J]. 农业工程学报. 2014 (13) 86-93.

[13]　杜利霞，赵涛，祁永斐. 夏特水电站排沙漏斗模型优化 [J]. 人民黄河，2013 (6)：100-102.

[14]　邓宏荣. 喀什一级电站排沙漏斗工程悬移质泥沙水文测验与分析 [J]. 四川水利，2015，36 (4)：51-54.

[15]　屈百平，刘进步. 泾惠渠排沙漏斗工程设计特点 [J]. 陕西水利水电技术，2004 (2)：55-57.

[16]　牛山林. 新疆塔尕克水电厂园中环沉沙池工程的运行与管理 [J]. 中国科技信息，2010 (15)：81-82.

[17]　福建省水利水电勘测设计研究院. 尼泊尔上马相迪 A 水电站基本设计报告 [R]. 2011.

第三章

库区泥沙问题的解决方式

第一节 库区泥沙淤积预测

一、入库水沙特性分析

（一）流量过程

上马相迪 A 水电站河段平均宽度约 100m，上游 1.5km 处河底高程约 910m，坝前高程约 888m，平均底坡约 1.2%，是典型的山区型河道。上马相迪 A 水电站坝址径流主要由流域内降水补给，同时也包含上游雪山地区融雪补给。马相迪河流域的控制水文站为下游马相迪水电站附近的 439.7 站和 439.8 站。439.7 站在 1974—2010 年共 35 年水文年径流系列中，以 2001 年 6 月至 2002 年 5 月水文年平均流量 245m³/s 为最大，1992 年 6 月—1993 年 5 月水文年平均流量 165m³/s 为最小。最大、最小水文年平均流量之比为 1.48，水文年径流系列变差系数 C_v 为 0.10，说明马相迪河径流年际变化很小，很平稳。

本次收集到中马相迪水电站坝址上游的 439.35 站，位于上马相迪水电站坝址的下游，流域面积为 3000km²，与上马相迪水电站坝址流域面积相差 260 km²，两者流域面积相差 8.7%；同时中马相迪 439.35 站与上马相迪 A 水电站坝址的高差约 250m。所以上马相迪水电站以 439.35 站为水文设计主要的参证站。上马相迪水电站水文设计中有关水文站的分布示意图见图 3-1。

上马相迪 A 坝址与 439.35 站的区间 260km² 面积的径流采用 428 站为参证站，通过面积比搬用，计算区间的多年平均流量为 33.7m³/s，多年平均径流量为 10.63 亿 m³。439.35 站的径流量减去区间的径流量就为上马相迪 A 水电站坝址的径流，经过计算坝址多年平均流量为 97.3 m³/s，多年平均径流量

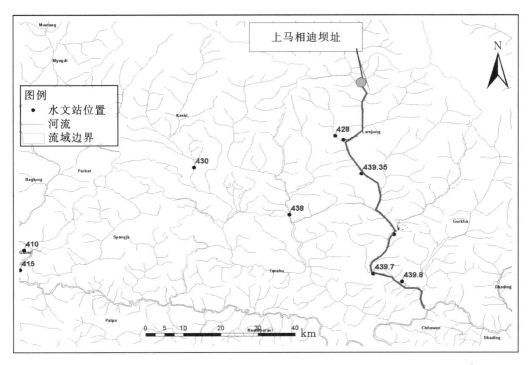

图 3-1 上马相迪水电站水文设计中有关水文站的分布示意图

为 30.7 亿 m³。

上马相迪 A 水电站的年内分配应该比中马相迪的 439.35 站均匀。由于上马相迪 A 水电站坝址处没有观测水文资料，从安全考虑上马相迪 A 坝址 2000 年 6 月至 2010 年 5 月的逐日平均流量直接采用 439.35 站各年的年内分配，采用多年平均流量比来搬用。上马相迪 A 水电站坝址 2000 年 6 月至 2010 年 5 月的逐月平均流量见表 3-1。由表可见，上马相迪 A 坝址处 10 年间最大年均流量为 113m³/s，最小年均流量为 86.0m³/s，两者相差不大。但径流在年内分配差别较大，汛期来水较为集中，70% 以上的来水集中在 6—9 月。上马相迪 A 水电站坝址逐月平均流量见表 3-1。

表 3-1 　　　　　　上马相迪 A 水电站坝址逐月平均流量 　　　　　单位：m³/s

年份	6月	7月	8月	9月	10月	11月	12月	1月	2月	3月	4月	5月	年均
2000	191	294	306	251	91.9	52.4	34.6	25.7	21.6	18.4	23.0	49.9	113
2001	133	242	299	212	92.7	51.1	33.7	25.2	21.2	22.2	34.8	77.1	104
2002	110	258	288	172	88.2	48.9	33.9	24.9	21.6	22.0	32.9	45.9	95.5
2003	120	245	290	249	94.9	52.0	35.9	27.4	23.3	25.9	29.3	50.4	104
2004	105	219	262	172	96.4	49.1	34.9	27.4	23.1	23.6	28.8	42.9	90.4

年份	6月	7月	8月	9月	10月	11月	12月	1月	2月	3月	4月	5月	年均
2005	84	236	271	150	84.5	48.9	32.6	23.8	21.1	19.9	26.2	63.1	88.4
2006	119	224	214	162	80.8	43.4	31.7	24.8	23.3	26.4	36.2	46.3	86.0
2007	105	241	280	232	114.1	57.3	36.6	27.9	23.6	23.3	31.5	43.6	101
2008	145	257	336	167	84.0	48.6	34.7	26.5	22.8	20.8	29.8	39.5	101
2009	72.1	185	247	174	138	62.0	39.9	29.4	24.1	25.4	37.2	46.0	90.0
平均	118	240	279	194	96.5	51.4	34.9	26.3	22.6	22.8	31.0	50.5	97.3
分配/%	10.1	20.6	23.9	16.6	8.3	4.4	3.0	2.3	1.9	2.0	2.7	4.3	100

马相迪河的降水受海拔的影响很大，从径流分析成果可以看出，在上马相迪 A 水电站与中马相迪水电站坝址区间的径流深达到 4000mm，说明在海拔 400~1000m 的区间雨量非常大。

上马相迪 A 水电站为径流式电站，无防洪调节库容。洪水计算主要是推求坝、厂址各频率设计流量。中马相迪 439.35 站的集水面积 3000km²，坝址处河道水位 612m，上马相迪 A 坝址的集水面积为 2740km²，坝址处河道水位为 886.18m，两者的流域面积和高程都相差不大，又处于同一流域，故本次上马相迪 A 水电站的坝、厂址设计洪水以中马相迪 439.35 站为参证站。

中马相迪 439.35 站，有 2000—2006 年共 7 年实测最大洪峰流量，系列较短。为了延长系列，把 439.7 站的年最大一日平均流量搬用至 439.35 站。把 2000—2009 年两站的平均流量进行比较，两站的年平均流量的比值为 0.56~0.66，而且有这样规律：随着日平均流量的增大，比值缩小，汛期的比值小于枯水期的比值。本次设计取两站的最大年平均流量的比值 0.66，把 439.7 站的各年最大一日流量换算至 439.35 站，形成 1974—2010 年 35 年（缺 1986—1987 年）年最大一日流量。

分析 439.35 站的 2000—2006 年共 11 年年最大洪峰流量与相应的年最大一日平均流量的比值为 1.04~1.25；439.7 站 1988—2008 年年最大洪峰流量与相应的年最大一日平均流量的比值为 1.01~1.38，可知马相迪河的日径流非常稳定，洪峰流量与相应日平均流量的比值较小，平均比值为 1.14。

为了安全考虑，洪峰流量与日平均流量的比值取 1.40，把中马相迪水电站的年最大一日流量换算为年最大洪峰流量，形成 1974—2010 年 33 年（缺 1986—1987 年）年最大洪峰流量。根据 439.35 站的不连续洪峰系列，按大小顺序排位，第 m 项洪峰的经验频率为 P_m，采用数学期望公式进行计算。通过经验适线法适线，线型为 P-Ⅲ，得到中马相迪水电站坝址洪峰频率曲线。洪峰系列统计参数为：$\overline{Q}_m = 986\text{m}^3/\text{s}$，$C_v = 0.47$，$C_s/C_v = 5.0$。

综合考虑我国西南地区与本流域类似地区的具体情况，采用常用的指数 0.5，即按洪峰与流域面积的 0.5 次方来推求。所得上马相迪 A 水电站坝址洪峰系列统计参数为：$\overline{Q}_m = 940\text{m}^3/\text{s}$，$C_v = 0.48$，$C_s/C_v = 5.0$。上马相迪 A 水电站坝址年最大洪峰流量成果表见表 3-2。

表 3-2　　　　　上马相迪 A 水电站坝址年最大洪峰流量成果表

$P/\%$	0.2	0.5	1	2	3.33	5
$Q_m/(\text{m}^3/\text{s})$	3480	3010	2650	2300	2050	1850

（二）泥沙特性

上马相迪 A 水电站坝、厂区河道无实测泥沙资料。在补勘补测阶段，收集到中马相迪水电站 2007—2010 年的不连续泥沙资料，除了 2009 年观测资料略完整之外，其他年份缺少较多，根据收集的泥沙资料，经过计算，中马相迪水电站实测各月平均含沙量成果表见表 3-3。根据统计资料，发生最大含沙量的日期为 2009 年 8 月 8 日，日平均含沙量为 27.3kg/m³。

表 3-3　　　　　中马相迪水电站实测各月平均含沙量成果表　　　含沙量：kg/m³

年份	1 月	2 月	3 月	4 月	5 月	6 月	7 月	8 月	9 月	10 月	11 月	12 月
2007	—	—	—	—	0.46					0.24	0.34	0.28
2008	0.07	0.07	0.07							0.13	0.24	0.10
2009	—	1.25	1.76	0.16	2.68	4.63	1.90	3.94	0.79	0.87	0.41	0.09
2010	0.37	0.17	2.45	1.19	1.21							

根据 2009 年中马相迪水电站的资料（缺测月份参考 2010 年的资料），经计算中马相迪坝址处侵蚀模数为 2558t/(km²·a)。

马相迪水电站坝址处，自 1990 年起有泥沙实测资料。根据实测泥沙资料，得马相迪水电站坝址以上 3820km² 流域内的侵蚀模数为 3615t/(km²·a)。该侵蚀模数属于高侵蚀模数，它是由流域内山高坡陡、地形险峻所造成的干流河道及其支流和坡面的高流速、高泥沙挟带能力所造成的。

上马相迪 A 水电站坝址以上流域是中马相迪水电站、马相迪水电站坝址以上流域的上游组成部分，它在山高坡陡、地形险峻程度方面，比起中马相迪水电站、马相迪水电站坝址以上全流域来讲，应是有过之而无不及。由于中马相迪坝址观测的资料序列短，可靠性不够，本次计算仍采用马相迪水电站坝址根据实测泥沙资料所得侵蚀模数 $3615t/(km^2 \cdot a)$ 作为设计依据。得上马相迪 A 水电站坝址以上 2740 km^2 流域内的多年平均悬沙总量为 994 万 t，坝址处水流多年平均含沙量为 $3.24kg/m^3$，多年平均输沙率为 315kg/s。推移质按悬沙的 30% 计，得推移质年沙量为 298 万 t。年总沙量为 1292 万 t。

上马相迪 A 水电站悬移质泥沙级配是根据中马相迪水文站 1999 年 7 月 26 日至 8 月 18 日期间 21 次的观测结果推算得到的。由表 3-4 可见，上马相迪 A 坝址附近悬移质泥沙粒径均在 1mm 以下，中值粒径约为 0.118mm。上马相迪 A 水电站坝址附近悬移质泥沙颗粒级配见表 3-4。

表 3-4　　　　上马相迪 A 水电站坝址附近悬移质泥沙颗粒级配

颗粒粒径/mm	0.001	0.062	0.088	0.125	0.175	0.250	0.350	0.500	0.700	1.000
小于/%	0	38	45	51	57	69	80	92	97	100

表 3-5 所示为上马相迪 A 水电站坝址附近采用测坑法实测得到的床沙级配。床面上实测最大粒径为 500mm，1mm 以下泥沙颗粒在床面上占比约为 25%，床面上悬移质泥沙和推移质泥沙质量之比为 1:3，说明床面冲淤变化受推移质影响较大。根据悬移质级配和床沙级配的对比，推求得到推移质泥沙级配如表 3-6 所示。

表 3-5　　　　　上马相迪 A 水电站坝址附近床沙级配

颗粒粒径/mm	0.075	0.15	0.3	0.6	1.25	2.5	5	10	50	100	200	500
小于/%	3.1	6.3	14.0	20.6	27.6	31.4	39.3	46.2	73.6	83.2	89.9	100.0

表 3-6　　　　　上马相迪 A 水电站坝址附近推移质泥沙级配

颗粒粒径/mm	1.25	2.5	5	10	50	100	200	500
小于/%	3.5	8.6	19.1	28.3	64.8	77.6	86.5	100.0

上马相迪 A 坝址处采用的流域侵蚀模数与中马相迪水文站相同，而水量是通过流域面积缩放后得到的。因此，上马相迪 A 水电站坝址处的含沙量与中马相迪水文站的含沙量基本一致，可以采用中马相迪水文站实测的含沙量作为参证，率定上马相迪 A 水电站坝址附近水沙关系。上马相迪 A 水文站实测的 2007—2013 年的水沙关系如图 3-2（a）所示。

从图 3-2 中可以看出，中马相迪水文站实测的流量多集中于 $30 \sim 600m^3/s$ 范围内，实测水沙关系较为散乱，难以给出较为准确的拟合关系。总体来看，较大的含沙量都出现在中小流量条件下。小流量（100m^3/s 以下）虽然有较大含沙量出现，但是出现的次数相对较少。大含沙量多集中在 $200 \sim 400m^3/s$ 之间流量时，汛期 70% 的流量在此流量范围内。实测最大含沙量为 27.32kg/m³，对应的流量为 330m³/s。当流量大于 400m³/s 时，含沙量相对较小且相对较为平稳，大部分位于 1kg/m³ 左右。

鉴于流量与含沙量之间关系较为散乱，对流量与输沙率的关系进行分析，如图 3-2（b）所示，试图找出水沙之间的匹配关系，但总体来看，上马相迪A坝址附近水沙关系较为散乱，难以采用数值方法进行拟合，无法根据水量推算出相应的来沙量，因此计算中只能采用实测的水沙过程作为进口边界条件。

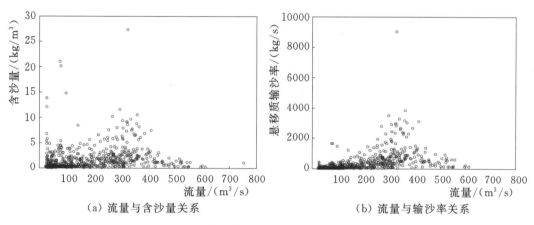

(a) 流量与含沙量关系　　　　(b) 流量与输沙率关系

图 3-2　中马相迪水文站实测水沙关系

二、水库冲淤数学模型

（一）模型基本原理

上马相迪A水电站库区较小，计算范围不大，且电站运行中比较关注取水口附近的含沙量分布情况。因此，上马相迪A水电站库区泥沙淤积宜采用平面二维水沙数学模型。河流形态是水流与河床组成物（泥沙）相互作用的结果，因此数学模型主要是由模拟水流和泥沙运动两大部分组成，水流模拟采用平面二维浅水方程，泥沙运动模拟采用非均匀沙不平衡输沙方程。

笛卡尔坐标系下平面二维浅水方程[1]：

$$\frac{\partial h}{\partial t}+\frac{\partial hu}{\partial x}+\frac{\partial hv}{\partial y}=0 \tag{3-1}$$

$$\frac{\partial hu}{\partial t}+\frac{\partial hu^2}{\partial x}+\frac{\partial huv}{\partial y}=-gh\frac{\partial Z}{\partial x}-g\frac{n^2u\sqrt{u^2+v^2}}{h^{1/3}}+\varepsilon\left[\frac{\partial^2 hu}{\partial x^2}+\frac{\partial^2 hu}{\partial y^2}\right]+W_x+f_x \tag{3-2}$$

$$\frac{\partial hv}{\partial t} + \frac{\partial huv}{\partial x} + \frac{\partial hv^2}{\partial y} = -gh\frac{\partial Z}{\partial y} - g\frac{n^2 v\sqrt{u^2+v^2}}{h^{1/3}} + \varepsilon\left(\frac{\partial^2 hv}{\partial x^2} + \frac{\partial^2 hv}{\partial y^2}\right) + W_y + f_y$$

$$(3-3)$$

泥沙连续性方程：

$$\frac{\partial(hS_k)}{\partial t} + \frac{\partial(huS_k)}{\partial x} + \frac{\partial(hvS_k)}{\partial x} + \rho'\frac{\partial z_{bsk}}{\partial t} = \frac{\partial}{\partial x}\left[D_s\frac{\partial(hS_k)}{\partial x}\right] + \frac{\partial}{\partial y}\left[D_s\frac{\partial(hS_k)}{\partial y}\right]$$

$$(3-4)$$

河床变形方程：

悬移质河床变形方程：

$$\rho'\frac{\partial z_{bsk}}{\partial t} = \alpha\omega_k(S_k - S_{*k})$$

$$(3-5)$$

推移质河床变形方程：

$$\rho'\frac{\partial z_{bgk}}{\partial t} + \frac{\partial g_{bxk}}{\partial x} + \frac{\partial g_{byk}}{\partial y} = 0$$

$$(3-6)$$

床沙组成方程：

$$\rho'\frac{\partial(E_m P_k)}{\partial t} + \frac{\partial(huS_k)}{\partial x} + \frac{\partial g_k}{\partial x} + \frac{\partial(hvS_k)}{\partial y} + \frac{\partial g_k}{\partial y}$$

$$+ \varepsilon_1[\varepsilon_2 P_{0k} + (1-\varepsilon_2)P_k]\left(\frac{\partial z_b}{\partial t} - \frac{\partial E_m}{\partial t}\right) = 0 \qquad (3-7)$$

式中：u、v 分别为 x、y 方向流速分量；Z、h 分别为水位和水深；t 为时间；x、y 分别为笛卡尔坐标系下横向和纵向坐标；g 为重力加速度；n 为糙率系数；W_x 和 W_y 分别为表面风阻力沿 x 和 y 方向的分量，$W_x = C_w\frac{\rho_a}{\rho_m}w^2\cos\beta$，$W_y = C_w\frac{\rho_a}{\rho_m}w^2\sin\beta$，$C_w$ 为风阻力系数，ρ_a 为空气密度，ρ_m 为水密度，w 为风速，β 为风向与 x 方向的夹角；f 为柯氏力系数，$f = 2\omega\sin\Phi$，ω 为地球自转角速度，Φ 为计算河段所处纬度；ρ' 为河床淤积物干密度；D_s 为泥沙扩散系数；S_k 为第 k 组泥沙的含沙量；S_{*k} 为第 k 组泥沙的水流挟沙力；z_{bsk}、z_{bgk} 分别为第 k 组悬移质和推移质运动所引起的河床高程变化；g_{bxk}、g_{byk} 分别为第 k 组泥沙沿 x 和 y 方向的单宽推移质输沙率；α 为恢复饱和系数；P_{0k} 为初始时刻天然河床床沙组成；P_k 为混合层床沙组成；E_m 为混合层厚度；ε_1、ε_2 为标记系数，纯淤积计算时 $\varepsilon_1 = 0$，否则 $\varepsilon_1 = 1$；当混合层下边界波及原始河床时 $\varepsilon_2 = 0$，否则 $\varepsilon_2 = 1$。

为了拟合不规则河道边界，模型采用正交曲线网格对计算域进行网格划分。正交曲线坐标系下基本方程如下[2-3]：

$$\frac{\partial C_\xi C_\eta z}{\partial t}+\frac{\partial(C_\eta hU)}{\partial \xi}+\frac{\partial(C_\xi hV)}{\partial \eta}=0 \tag{3-8}$$

$$\frac{\partial(C_\xi C_\eta hU)}{\partial t}+\left[\frac{\partial}{\partial \xi}(C_\eta hU\cdot U)+\frac{\partial}{\partial \eta}(C_\xi hV\cdot U)+hVU\frac{\partial C_\xi}{\partial \eta}-hV^2\frac{\partial C_\eta}{\partial \xi}\right]$$

$$+C_\eta gh\frac{\partial z}{\partial \xi}=-\frac{C_\xi C_\eta n^2 gU\sqrt{U^2+V^2}}{h^{\frac{1}{3}}}+C_\zeta C_\eta(f_x+W_x)$$

$$+\left[\frac{\partial}{\partial \xi}(C_\eta h\sigma_{\xi\xi})+\frac{\partial}{\partial \eta}(C_\xi h\sigma_{\eta\xi})+h\sigma_{\eta\xi}\frac{\partial C_\xi}{\partial \eta}-h\sigma_{\eta\eta}\frac{\partial C_\eta}{\partial \xi}\right] \tag{3-9}$$

$$\frac{\partial(C_\xi C_\eta hV)}{\partial t}+\left[\frac{\partial}{\partial \xi}(C_\eta hU\cdot V)+\frac{\partial}{\partial \eta}(C_\xi hV\cdot V)+hUV\frac{\partial C_\eta}{\partial \xi}-hU^2\frac{\partial C_\xi}{\partial \eta}\right]$$

$$+C_\xi gh\frac{\partial z}{\partial \eta}=-\frac{C_\xi C_\eta n^2 gV\sqrt{U^2+V^2}}{h^{\frac{1}{3}}}+C_\zeta C_\eta(f_y+W_y)$$

$$+\left[\frac{\partial}{\partial \xi}(C_\eta h\sigma_{\xi\eta})+\frac{\partial}{\partial \eta}(C_\xi h\sigma_{\eta\eta})+h\sigma_{\xi\eta}\frac{\partial C_\eta}{\partial \xi}-h\sigma_{\xi\xi}\frac{\partial C_\xi}{\partial \eta}\right] \tag{3-10}$$

$$\frac{\partial(hS_k)}{\partial t}+\frac{1}{C_\xi C_\eta}\frac{\partial(C_\eta huS_k)}{\partial \xi}+\frac{1}{C_\xi C_\eta}\frac{\partial(C_\xi hvS_k)}{\partial \eta}=$$

$$\frac{1}{C_\xi C_\eta}D_s\left[\frac{\partial}{\partial \xi}\left(\frac{C_\eta}{C_\xi}\frac{\partial hS_k}{\partial \xi}\right)+\frac{\partial}{\partial \eta}\left(\frac{C_\xi}{C_\eta}\frac{\partial hS_k}{\partial \eta}\right)\right]+\alpha_k\omega_k(S_k^*-S_k) \tag{3-11}$$

式中：ξ、η 分别为对应于 x、y 方向的局部坐标系；U、V 分别为 ξ、η 方向流速分量；C_ξ、C_η 分别为从直角坐标系转化为局部曲线坐标系的转换系数，称为拉梅系数；$\sigma_{\xi\xi}$、$\sigma_{\eta\eta}$、$\sigma_{\xi\eta}$、$\sigma_{\eta\xi}$ 为应力项，表达式如下：

$$\sigma_{\xi\xi}=2\upsilon_t\left[\frac{1}{C_\xi}\frac{\partial U}{\partial \xi}+\frac{V}{C_\xi C_\eta}\frac{\partial C_\xi}{\partial \eta}\right],\sigma_{\eta\eta}=2\upsilon_t\left[\frac{1}{C_\eta}\frac{\partial V}{\partial \eta}+\frac{U}{C_\xi C_\eta}\frac{\partial C_\eta}{\partial \xi}\right],$$

$$\sigma_{\xi\eta}=\sigma_{\eta\xi}=\upsilon_t\left[\frac{C_\eta}{C_\xi}\frac{\partial}{\partial \xi}\left(\frac{V}{C_\eta}\right)+\frac{C_\xi}{C_\eta}\frac{\partial}{\partial \eta}\left(\frac{U}{C_\xi}\right)\right]$$

方程离散采用有限体积法。模型中水流方程、不平衡输沙方程的形式是相似的，可以表达成通用的格式为

$$\frac{\partial \Psi}{\partial t}+\frac{1}{C_\xi C_\eta}\frac{\partial(C_\eta u\Psi)}{\partial \xi}+\frac{1}{C_\xi C_\eta}\frac{\partial(C_\xi v\Psi)}{\partial \eta}=\frac{1}{C_\xi C_\eta}\left[\frac{\partial}{\partial \xi}\left(\Gamma\frac{C_\eta}{C_\xi}\frac{\partial \Psi}{\partial \xi}\right)+\frac{\partial}{\partial \eta}\left(\Gamma\frac{C_\xi}{C_\eta}\frac{\partial \Psi}{\partial \eta}\right)\right]+S \tag{3-12}$$

式中：Γ 为扩散系数；S 为源项。

上述通用格式的偏微分方程可以用有限体积法进行离散，该方法的优点在于能很好保证水流模型中水量和动量守恒。有限体积法的基本思想是将计

算区域划分成若干个互不重叠的控制体，每个控制体包含一个计算点（见图 3-3），然后微分方程在每一个控制体积上进行积分，这样便可得到一个包含有一组网格结点处变量值的数值解方程。方程式（3-12）求解方法为

$$a_P \Psi_P = a_E \Psi_E + a_W \Psi_W + a_N \Psi_N + a_S \Psi_S + b \qquad (3-13)$$

其中，系数和源项的计算方法为

$$\begin{cases} a_E = D_e \max[0,(1-0.1|P_e|^5)] + \max(-F_e, 0) \\ a_W = D_w \max[0,(1-0.1|P_w|^5)] + \max(-F_w, 0) \\ a_N = D_n \max[0,(1-0.1|P_n|^5)] + \max(-F_n, 0) \\ a_S = D_s \max[0,(1-0.1|P_s|^5)] + \max(-F_s, 0) \\ a_P = D_p \max[0,(1-0.1|P_p|^5)] + \max(-F_p, 0) \\ S = S_C C_\xi C_\eta \Delta\xi \Delta\eta + \Psi_P^0 C_\xi C_\eta \Delta\xi \Delta\eta / \Delta t \end{cases} \qquad (3-14)$$

式中：F 为对流强度；D 为扩散传导性；P 为 Peclet 数，$P = F/D$。

离散方程应当满足有限体积法需服从的 4 项基本法则[4,5]，以确保所得到的解满足物理上真实以及总的平衡这两个要求。为了解决水位梯度项和连续方程离散时出现锯齿形波动，导致计算结果失真，将各物理量布置在不同的网格单元上，称为交错网格法，即纵向流速 U、横向流速 V、水深 h、含沙量 S 和推移质输沙率 g_b 等物理量并不布置在同一网格上（见图 3-3）。整个数值计算采用 SIMPLEC（Semi - Implicit Method for Pressure - linked Equations Consistent）程式[4,5]，并采用欠松弛技术以提高计算的稳定性。

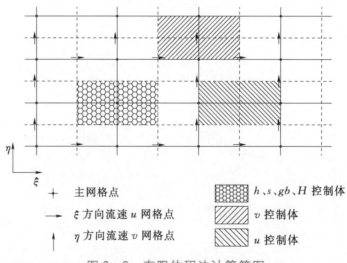

图 3-3　有限体积法计算简图

山区河流中如果出现急流等情况，用上述方法计算的结果可能会出现失真或者无法收敛等情况，这时需要采用一些能够模拟急流的方法，有兴趣的

读者可以参考相关文献[6,7]。而对于河床变形方程式及床沙级配方程式，采用显式格式求解，具体计算格式可以参考相关文献[8]。

一般情况下，为了确保数学模型计算结果可靠，首先需要采用合适的数值方法，同时需要根据实测结果对模型中一些参数进行率定和验证，但是由于此次实测资料较为缺乏，因此模型中一些参数的取值采用类似工程进行对比或者采用公式进行计算来确定。

在计算过程中，计算域内部分节点在涨水时会被"淹没"，在落水时会"干出"。为了正确反映这部分节点的干湿变化，模型中采用了以下动边界模拟技术：选定一临界水深（h_{min}取为0.005m），当某时刻某节点实际水深（水位减去河底高程）小于临界水深时，认为该节点"干出"，令该点流速为零，水深为临界水深，水位值由附近非"干出"点水位值外插值得到；当某时刻某节点实际水深大于临界水深时，则恢复程序计算。

平面二维模型主要用于研究不同来水来沙边界条件下水库的水流流态和泥沙淤积分布状况，同时为沉沙池数学模型提供入口水沙条件。

（二）边界条件

根据上马相迪水库的正常蓄水位推算，其库尾应位于距离拦河坝约1km的位置，考虑到回水影响以及后期可能出现的水库淤积上延现象，此次计算区域的入口距离拦河坝约1.5km，平均宽度约100m，能够保证水流流动和库区泥沙淤积均位于此范围内。计算区域地形示意图见图3-4。上游入口处河底高程约为910m，坝前高程约为888m，平均底坡约1.2%，是典型的山区型河道。计算区域两岸边界的高程从靠近坝前的920m逐渐增加到上游入口的930m，既保证了各种流量下水流能够在计算区域范围内，又避免了计算区域过大，影响计算精度、浪费计算资源。

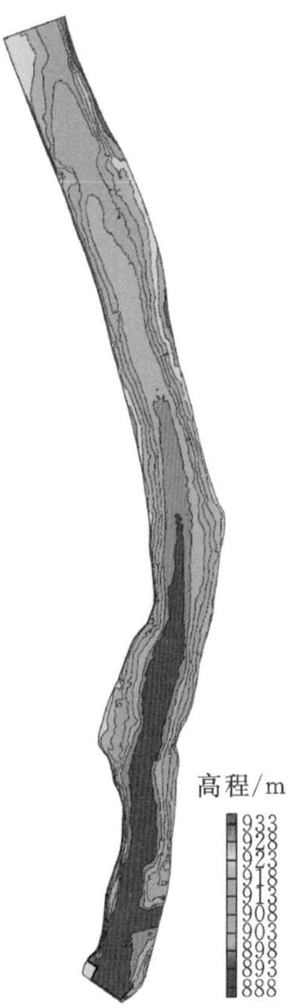

上马相迪A水电站库区冲淤平面二维水沙数学模型采用结构化四边形正交曲线网格，可以较好地贴近河道和工程边界，综合考虑计算效率和计算精度，本研究模型的网格划分方式为：沿水流方向划分网格401个，沿河宽方向划分网格30个，总网格数12030个，平均每个网格尺寸为3.7m×3.3m，网格长宽比例接近1:1，

高程/m

图3-4　计算区域地形示意图

大小较为均匀，且能够反映出坝前所布设的引水口、泄水闸等建筑物的位置和形状。

　　水库的淤积过程以典型年水沙过程为上游边界条件进行循环计算。由于上马相迪坝址处多年的年均来水过程较为稳定，水沙量年际变化很小，因此可以采用中马相迪水文站实测的较为完整的一年水沙过程（此次取为 2013 年 1 月 1 日至 12 月 31 日）作为典型年水沙过程的基础，然后通过水沙量按比例缩放，将进口水沙量分别调整为多年平均来水量和来沙量即可得到进口水沙过程，模型计算所采用的水沙过程如图 3-5 和图 3-6 所示。

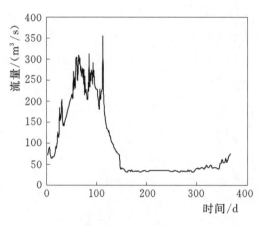

图 3-5　入库流量过程

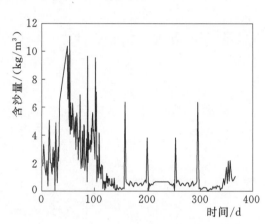

图 3-6　入库沙量过程

　　洪水水沙计算采用设计频率洪水的流量，根据实测的水沙关系，大于 $500 \text{m}^3/\text{s}$ 的洪水含沙量应在 $1 \text{kg}/\text{m}^3$ 左右，一般不超过 $2 \text{kg}/\text{m}^3$，本次计算中在同一洪水流量下上游入口含沙量分别采用 $1 \text{kg}/\text{m}^3$、$2 \text{km}/\text{m}^3$、$5 \text{km}/\text{m}^3$、$10 \text{km}/\text{m}^3$ 和 $20 \text{km}/\text{m}^3$，用于分析不同含沙量条件下洪水的冲淤变化。

　　模型下游边界条件为日均坝前水位值，其值根据水库调度运用方式和泄洪闸的泄流能力综合制定。

　　（三）模型验证

　　1. 验证采用的水沙资料

　　数学模型建立完成之后需要采用实测的水文观测数据对模型的计算结果进行验证，以确定模型结果的可靠性。但是山区河流的水文观测资料一般都很缺乏，很难有完整资料去开展参数率定或模型验证工作，这就需要模型计算人员具有深厚的理论基础和丰富的实践经验，能够清楚模型取值的大概范围，能够把控模型计算结果的合理。

　　由于开展模型计算时上马相迪 A 水电站并未运行，也缺乏水文观测资料，因此该模型的验证属于后验证。模型验证所采用的水沙边界条件是 2017 年 3 月 27 日至 11 月 10 日的实测水文资料，有较为完整的地形和水沙资料，包括两次可对比的断面资料、入库流量过程、含沙量过程、泥沙级配以及坝前水位。

实测资料显示上马相迪 A 水电站来水来沙主要集中在 6—9 月，如图 3-7 所示。实测时段内的悬移质来沙总量约为 328 万 t，非汛期月均来沙约为 0.25 万 t，加上非汛期没有实测资料的 4 个月的沙量，年来沙总量约为 329 万 t，约为设计来沙量的 1/3，实际来沙量远小于设计值。但有关推移质数据难以确定，模型计算中仍然才用与设计相同的推悬比和级配。

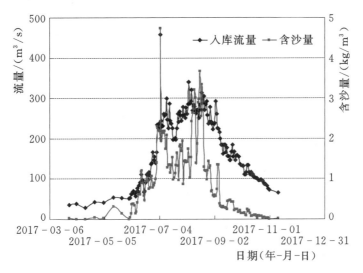

图 3-7 入库水沙过程

2. 模型参数率定

（1）糙率

山区河道水沙模型计算中需要确定的关键参数是水流阻力系数，该参数关系到水流和推移质水沙率计算的准确性。

依据复杂形体可以看作是规则形体与随机扰动叠加的基本原则，可设想天然河道是由表面光滑的规则顺直棱柱形河道基础上添加各种扰动后形成。据此可以认为，在绝对光滑的河道上所添加的这些扰动也是天然河道中水流阻力的来源。根据扰动的性质不同可以将阻力划分成相对独立的几个部分（单元阻力），避免直接确定总阻力过程中各种物理量相互干扰难以厘清的困难。

按照这一思路，则河流中阻力可以大致划分为 3 个部分，即基础阻力 n_s、

床面突起阻力 n_B 以及河流地貌阻力 n_G。基础阻力主要是由于水流黏滞性所引起，床面突起阻力则主要有突起物体的阻水作用形成，河流地貌阻力则包含了河底起伏，河流平面扭曲，断面形态不规则性对水流阻力的影响。

以单位长度河道内的水体作为研究对象，则存在如下力学平衡关系式：

$$mg\sin\beta = ma - (F_B + F_G + F_S) \tag{3-15}$$

式中：F_B 为由于床面突起物体对水流的阻碍力；F_G 为河流地貌形态造成的阻碍力；F_S 为河道边界对水流的摩擦力；m 为流体质量；g 为重力加速度；a 为加速度；β 为河道底坡与水平线的夹角。

由于各部分阻力表达式难以确定，将式（3-15）左端统一采用等效床面剪切力表示为

$$F_T = \tau PL \tag{3-16}$$

式中：τ 为等效剪切应力；P 为湿周；L 为水体沿流向长度。

由力的平衡关系式可以得到

$$\tau = \gamma R S_f \tag{3-17}$$

式中：γ 为水流重度；R 为断面水流半径；S_f 为水力坡度。

由曼宁公式可知

$$U = \frac{1}{n} R^{2/3} S_f^{1/2} \tag{3-18}$$

代入等效切应力表达式中，可得

$$\tau = \frac{\gamma U^2 n^2}{R^{1/3}} \tag{3-19}$$

将式（3-19）代入式（3-16），便可得到河道各单元糙率系数的合成关系式：

$$n_t^2 = n_B^2 + n_G^2 + n_S^2 \tag{3-20}$$

式（3-20）即为采用糙率系数表示水流阻力时总体水流阻力与各单元水流阻力之间的关系式，只要分别求出各单元阻力，即可采用式（3-20）合成得到总阻力的表达式。

基础阻力为表面相对光滑（如玻璃）顺直河道平底河道的阻力，可以通过查表得到基础阻力对应的糙率系数为 $n_S = 0.009\text{s}/\text{m}^{1/3}$。

床面突起的物体，常见的如砂卵石、植物等都会引起水流阻力损失，在以往的研究经常将这两种的阻力来源分别区分对待，其研究成果也相对较为丰富。但是作为引起水流阻力损失的物体，其造成的阻力大部分来源于自身对于水流运动的阻碍作用，其阻力形成的物理机理基本一致，因此可以采用

统一的物理指标—阻塞度来描述这类床面上的突起所造成的阻力损失[9]。

阻塞度的定义为床面突起物体所占过水面积与整个断面过水面积的比值，即

$$B = A_b / A \tag{3-21}$$

如果床面突起物体仅为沙石，且泥沙均匀，河道断面为规则矩形，那么式（3-21）就可以简化为

$$B = d / h \tag{3-22}$$

式中：d 为泥沙粒径；h 为水深。

显然式（3-22）中 B 就是以往描述河道阻力公式中常见的相对粗糙度 K_s，由此可见阻塞度的概念包含了相对粗糙度，相对粗糙度是阻塞度在特殊河道形态下的表达方式。

以文献中收集到的野外观测资料和室内实验资料为基础[10,11]，分析了糙率随阻塞度的变化趋势，如图 3-8 和图 3-9 所示，通过数值分析，得到床面突起所形成的糙率与阻塞度之间的关系为

$$n_B = B^{-K} [(1-B)^{-mB} - 1] \tag{3-23}$$

式中：K、m 为待定系数，与河底突起的分布状况有关。

由式（3-23）可以看出，当 $B=0$ 时，$n_B=0$ 即当床面不存在突起时，由于床面突起造成的糙率值为 0；当 $B=1$ 时，$n_B \to \infty$，即当突起完全阻塞河道时，将不再有流量从断面上通过，断面流速也应为 0，此时由于床面突起造成的糙率值应为无穷大。

通过进一步对实测资料分析得到，河底突起物分布不均时，K、m 取值分别为 0.8 和 0.1，公式计算值与实测值对比如图 3-8 所示。而对于均匀分布突起，K、m 取值分别为 1.6 和 0.25。天然河道中的床面突起一般都呈非均匀分布，K、m 取值分别为 0.8 和 0.1。实测河道糙率（非均匀突起）见图 3-8，水槽试验资料（均匀突起）见图 3-9。

采用式（3-23）计算另一组水槽实验的糙率[12]，得到的结果如图 3-10 所示，可以看到计算值与实测值基本都集中在 $x=y$ 这条线附近，点阵较为密集，相关系数为 0.982，说明公式预测结果与实测结果较为吻合。计算与实测床面突起阻力比较见图 3-10。

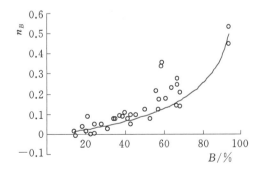

图 3-8　实测河道糙率（非均匀突起）

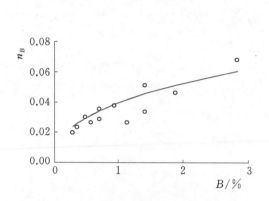 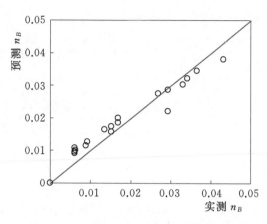

图 3-9 水槽试验资料（均匀突起）　　图 3-10 计算与实测床面突起阻力比较

依据阻塞度的定义，需采用沙石突起所造成的阻水面积与断面总过水面积的比例来计算阻塞度，但是直接照此计算存在极大的困难，因此本书计算中采用具有代表性的床沙粒径与平均水深之比作为阻塞度。山区河道水深相对较浅，可能会出现床面突起物尺度大于水深，如图 3-11 所示。因此在实测资料的基础上需要剔除掉突出水面部分，即计算平均粒径时，最大床面沙石粒径不能大于水深。

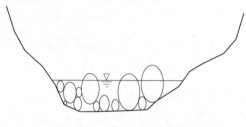

图 3-11 床面沙石示意图

基础阻力和床面突起阻力均属于床面阻力，除此之外，还有由于天然河流蜿蜒曲折，过水断面参差不齐，河道底坡起伏不平等因素形成的河流地貌阻力。对于山区河道，河流地貌阻力的主要来源是顺水流方向的阶梯-深潭构造。

河底的起伏程度与坡度成正比，而河底的起伏程度则与河道底坡成正比[13]，由此说明河道的糙率确与河道底坡大小有关。因此可以河道底坡为参数描述河流地貌阻力。

Palt 通过分析床面阻力与河道总体阻力之间的关系，得到水流阻力关系式[14]：

$$\frac{n_r}{n_{tot}} = 0.13 S^{-0.28} \left(\frac{h}{d_{90}}\right)^{0.21} \tag{3-24}$$

式中：n_r 为床面阻力；n_{tot} 为综合阻力；h 为断面平均水深。

通过式（3-24）可以计算出河流地貌阻力。

式（3-24）为确定河道总体糙率系数提供了可行的途径。结合式（3-20）、

式 (3-23) 和式 (3-24) 可以得到山区河流糙率计算表达式为

$$n_{tot} = 7.69 S^{0.8} \left[\frac{h}{d_{90}} \right]^{-0.21} \sqrt{0.009^2 + n_B^2} \qquad (3-25)$$

河流糙率量化的基本原则是根据实测床沙级配采用式 (3-23) 得到床面突起阻力 n_B，再综合实测河道底坡采用式 (3-26) 得到河道总体阻力。

如果缺少实测级配和水深时，可以仅用底坡的影响近似代替底坡和粗糙度的影响[14]，则山区河道综合阻力的计算方法为

$$n_{tot} = 10 S^{0.36} \sqrt{0.009^2 + n_B^2} \qquad (3-26)$$

图 3-12 所示为根据式 (3-26) 计算得到的糙率值与实测河道糙率值的对比[9]。图中点基本分布在 45°斜线周围，说明计算结果与实测数据基本一致，相关系数为 0.76，两者符合较好，证明的方法的有效性。从图上来看，仍有个别数据偏差较大，最大相对误差约为 50%。可能造成个别点上误差较大的原因主要有三个方面：一是河道泥沙粒径差别较大，准确测量床面级配存在巨大困难，导致床面突起阻力计算存在一定偏差；二是测量时处于枯水期，河道流量较小导致测量相对误差较大，实测结果中也存

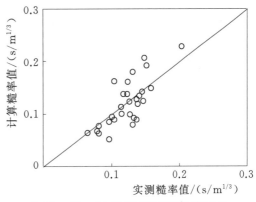

图 3-12　计算与实测糙率值对比

在一定的偶然性误差；三是河流地貌阻力计算方法可能存在一定偏差。后续还要收集更多的资料检验本文提出的山区河道水流计算方法，在大量资料分析的基础上还需要对河流地貌阻力计算方法进行深入研究以提高计算结果的准确性。

(2) 挟沙力参数

采用最新实测的悬移质级配对水流挟沙力系数 K 和指数 m 进行了率定。实测资料显示，悬移质中值粒径约为 0.01mm，库区的流速约为 1m/s，水力半径约为 10m，查 $\frac{U}{gR\omega}$ 与 K、m 关系图[15]，确定 $K=0.6$、$m=0.76$。

3. 泥沙冲淤验证

已有的较为完整的实测水沙过程为 2017 年 3 月 27 日至 11 月 10 日，现有较完整的地形资料是库区蓄水前的河道地形资料。库区蓄水后的断面数据均为 2017 年测量。鉴于 9 月仍处于汛期，来水来沙量较大，河床变形也较为明

显，因此模型验证时须从 2017 年 9 月开始算起。

安全观测月报中提供的数据显示，2016 年 9 月，河道流量平均为 194m³/s，最大流量为 225m³/s，最小流量为 174m³/s。2017 年 9 月，河道平均流量为 182m³/s，最大流量为 292m³/s，最小流量为 135m³/s。由此可见，2016 年 9 月与 2017 年 9 月流量相差不大，可以采用 2017 年 9 月和 10 月实测资料代替 2016 年的 9 月和 10 月的水沙过程。非汛期流量不大，来沙量较小，月均来沙 0.25 万 t，可以采用 2017 年 3 月的实测数据代替，不会对计算结果产生太大影响。

最终确定的上边界条件为 2016 年 9 月 1 日至 2017 年 11 月 10 日的入库流量过程，下边界条件为实际坝前水位调控过程作为下游边界条件，以建库前天然河道地形作为初始地形条件。

验证结果见表 3-7。坝前 300m 以内断面计算的淤积高程大于实测值，300m 以外的高程与实测基本一致，误差相对较小。

据测量数据里面的备注描述："2017 年 11 月 16 日至 18 日连续 3 日开启大坝泄洪闸进行放水拉沙，因此 20 日的水下地形测量只是显示库区拉沙后的河床地形。根据放水过程中的目测，坝前 CS2 断面泥沙淤积高程达 900m 左右，淤积厚度达 12～13m"，说明模型计算的坝前淤积高程符合实际情况。

表 3-7　　　　　　　　　　计算与实测河底高程对比

日　期	断面序号	距坝址/m	河底高程/m	
			实测值	计算值
2017 年 5 月	CS9	1249	901.91	901.29
2017 年 6 月 5 日	CS1	13	888.33	889.7
	CS2	88	888.27	890.1
	CS3	183	887.93	891.46
	CS4	340	891.11	890.82
	CS5	500	892.05	892.09
	CS6	662	893.34	893.19
	CS7	864	894.67	895.75
	CS8	1066	899.22	899.31
2017 年 7 月 7 日	CS3	183	887.68	894.58
	CS4	340	892.61	893.27
	CS5	500	894.35	893.69
	CS6	662	896.21	894.79

日 期	断面序号	距坝址/m	河底高程/m	
			实测值	计算值
2017 年 8 月 28 日	CS2	88	888.27	896.13
	CS3	183	888.35	898.35
	CS4	340	893.98	896.95
	CS5	500	895.13	897.01
	CS6	662	896.76	897.69
	CS7	864	896.78	898.86
2017 年 11 月 3 日	CS9	1249	903.54	906.55
2017 年 11 月 20 日（拉沙后）	CS1	13	889.40	896.92
	CS2	88	890.93	896.31
	CS3	183	892.76	898.46
	CS4	340	894.40	897.20
	CS5	500	898.39	897.15
	CS6	662	900.26	897.96
	CS7	864	900.00	899.30

三、水库冲淤预测

（一）淤积量

上马相迪 A 水电站水库为径流式水库，水库正常蓄水位 902.25m 以下库容约 50 万 m³，其中死水位 901.25m 以下库容约 43 万 m³，占总库容的 87%。坝址处年均径流量为 30.7 亿 m³，日均径流量为 841 万 m³，库容基本无调节能力。

水库来沙量也相对较大，年均来沙量为 1292 万 t，按照泥沙密度 2.65t/m³，则来沙的体积为 476 万 m³，库沙比仅为 0.11，如果考虑到泥沙淤积后还会有带一定的孔隙率，则库沙比更小，来沙过程对于水库淤积影响较大，尤其是当水库从汛期开始运行时，库区会快速接近并淤积平衡，库区泥沙的排沙比和淤积量变化过程分别如图 3－13 和图 3－14 所示。

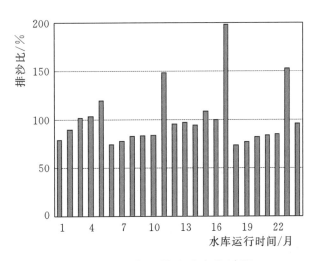

图 3－13　库区排沙比变化过程

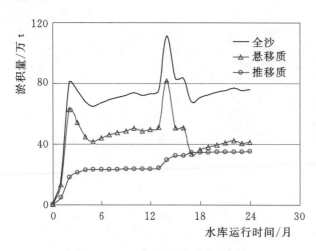

图 3-14　库区泥沙淤积过程

排沙比和淤积过程线变化较为剧烈，有明显的上升和下降过程，这主要是由于水库库沙比太小，来沙过程对于水库淤积影响较大，一次大的水沙过程会大致水库淤积量显著上升，但是此后又会在水流冲刷下淤积量有所下降。计算是从汛期开始的，此时水库来水来沙量都比较大，库区泥沙淤积量快速上升，在含沙量最大的一个月淤积量达到最大值，随后因为来沙量减小淤积量也相应有所下降的，第一年的最大淤积量约为 80 万 t，年末淤积量回调到 73.0 万 t，第二年的最大淤积量为 111.0 万 t，年末回调到 75.8 万 t。结合排沙比和淤积量变化过程可以看出，水库在运行在经过 1 个汛期之后已经基本达到淤积平衡状态。具体表现为：在相同的水沙条件下，第 2 年年内的排沙比过程已经与第 1 年的排沙比基本相同，且库区每年淤积量的同比变化较小，说明库区处于长期的淤积平衡状态。但是由于库沙比较小，且一年内水沙过程变化较大，库区排沙比和泥沙淤积量在年内仍然会有较大变化，因此需要特别关注较大来水来沙条件对库区淤积和发电取水的影响。

上马相迪 A 水库入库推移质含沙量较多，推悬比达 30%，而推移质与悬移质的淤积过程本身存在较大的差别，如图 3-14 中给出的悬移质和推移质淤积量变化过程。由图可见，悬移质泥沙淤积过程曲线与全沙淤积过程线较为接近，两者变化趋势基本一致，冲淤变化较大，而推移质泥沙则一直处于缓慢淤积过程中。淤积初期，由于库区水深较大，推移质主要淤积在库尾，悬移质在在整个库区中均有淤积，因此淤积的泥沙中悬移质占比较大，此后由于水库淤积导致水深急剧减小，悬移难以落淤，甚至在非汛期出现较大的冲刷，而推移质则仍然处于淤积状态，只是淤积的速度开始减缓。因此，虽然库区的泥沙淤积总量年际变化已经不大，但是淤积泥沙中的悬移质在持续减少，推移质比例在逐渐增加，即库区床面在逐渐粗化，趋于原始河道的泥沙组成。

（二）淤积分布

模型计算得到的淤积纵剖面变化过程见图3-15。由图3-15可见，该水库的淤积应属于典型锥体淤积，这与按照流量、来沙量和水库库容等指标之间的综合关系估算的淤积形态一致。模型计算从汛期开始，来水来沙量均较大，可以看到，由于水库水深较小，库容相比来沙很小，泥沙淤积前沿能够快速推进到坝前。1个月后坝前泥沙淤积导致深泓点高程接近890m，淤积厚度接近2m，淤积末端在距离坝址约1km处，恰好位于库尾处。此后由于汛期来沙量较大，汛期来沙约占全年来沙量的90%，致使汛后水库淤积幅度较大，坝前淤积高程显著增加，深泓点高程位于898m左右，淤积厚度约为10m，水库淤积的最上端已经向上发展至距离坝址1.13km处，经过一个汛期后水库已开始接近淤积平衡，此后泥沙缓慢淤积，直至1年后坝前已达到淤积平衡，此时淤积体已经向上延伸至距离坝址1.2km处，坝前淤积泥沙的高程约为899.3m，比初始的河床高出11.3m。水库建成后1年到2年之间，坝前淤积高程基本没有变化，但泥沙淤积开始向上游发展，即水库淤积平衡后出现的泥沙淤积上延现象，这一年时间内淤积在水库中的泥沙形态呈现仍然呈锥体分布，只是锥体的底部位于河道上游，即上游淤积厚度大，往下游逐渐减小，至水库中部淤积厚度逐渐趋于0，总体表现出水库淤积的"翘尾巴"现象。

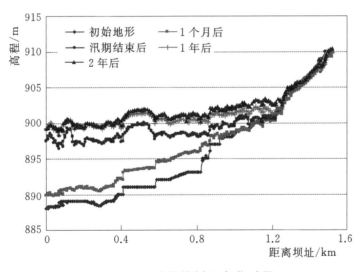

图3-15　淤积纵剖面变化过程

不同位置典型横断面变化过程见图3-16。从横断面变化过程可以看出库区不同部位的淤积过程。计算区域入口断面基本不受水库淤积影响，断面虽有冲淤变化，但没有明显的趋势性变化，基本处于冲淤平衡状态，冲淤变化幅度在 1m 以内，如图 3-16（a）所示。库尾断面以淤积为主，如图 3-16（b）所示，河底基本平行淤高，淤积主要发生在汛期，非汛期断面基本没有变化，由于水库淤积上延的影响，此处断面在库区达到淤积平衡时仍然有较为明显的淤积，水库运行第 1 年河底抬高约 1.5m，1~2 年之间又淤积抬升了 1.2m，总体来看该断面淤积幅度相对较小，对整个断面的过水面积没有太明显的影响。库区中部断面和坝前断面的变化趋势基本一致，见图 3-16（c）和图 3-16（d），断面基本平行淤积，断面面积大幅减小，水库运行 1 年后断面形态基本稳定，坝前淤积厚度最大，最大淤积厚度约为 11.5m。

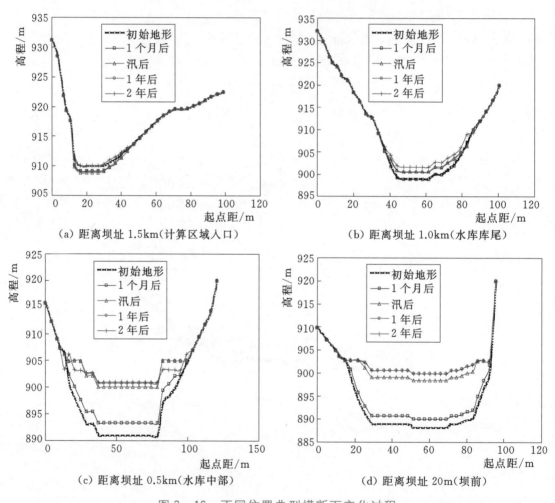

图 3-16　不同位置典型横断面变化过程

图 3-17 和图 3-18 所示为水库运行 2 年后库区内淤积分布和淤积高程，泥沙淤积厚度从库尾至坝址逐渐增加，最大淤积厚度约为 12m，从而造成库区河床基本被淤平，河床高程为 900~902m。

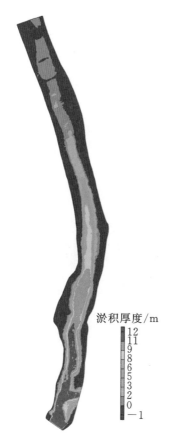

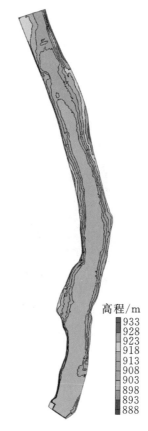

图 3-17　库区淤积分布

（水库运行 2 年后）

图 3-18　库区淤积平衡地形

（水库运行 2 年后）

（三）库容变化

图 3-19 所示为水库库容变化过程。水库初始总库容为 52.2 万 m³，初始死库容为 44.6 万 m³，初始有效库容为 7.6 万 m³。当水库开始运行时，由于坝前水位比原始河道的水位抬高 10m 以上，库区断面过水面积增加，平均流速减小，水流挟带泥沙能力下降，泥沙开始在水库中落淤，水库淤积后库容会随之减小，库容减小幅度和库区淤积量呈正比。水库运行最初的一个月来沙 80 万 t，其中 17 万 t 淤积在库区，导致水库库容从 52 万 m³ 减少到 39 万 m³，之后的一个月来沙急剧增加至 590 万 t，水库在经历汛期一次较大的来水来沙之后，库容从 39 万 m³ 急剧下降到 8 万 m³，剩余库容主要集中在坝前，此后水库虽有冲淤变化，但由于冲淤多在水库正常蓄水位以上，对库容影响不大。淤积平衡后，水库的总库容基本能维持在 7 万 m³ 以上，死库容基本维持在 3 万 m³ 以上，有效库容始终在 4 万 m³ 左右变动，剩余有效库容约占初

59

始有效库容的 50%，见表 3－8。

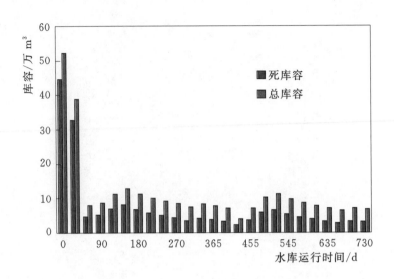

图 3－19 水库库容变化过程

表 3－8   水 库 库 容 变 化

日 期	水库运行时间 /月	总库容 /万 m³	死库容 /万 m³	有效库容 /万 m³	计算区域内当月淤积量 /万 m³
6月1日	0	52.2	44.6	7.6	13.3
7月1日	1	38.9	32.7	6.2	39.6
8月1日	2	7.9	4.7	3.2	−3.2
9月1日	3	8.7	5.2	3.5	−4.8
10月1日	4	11.3	7.0	4.3	−1.9
11月1日	5	12.8	8.2	4.6	1.6
12月1日	6	11.2	6.8	4.4	1.2
1月1日	7	10.1	5.8	4.3	0.9
2月1日	8	9.3	5.0	4.2	0.9
3月1日	9	8.5	4.3	4.1	1.0
4月1日	10	7.5	3.5	4.0	−1.0
5月1日	11	8.4	4.2	4.2	0.6
6月1日	12	7.9	3.8	4.1	1.4
7月1日	13	7.1	3.3	3.8	22.6
8月1日	14	4.0	2.2	1.8	−17.6

日　　期	水库运行时间 /月	总库容 /万 m³	死库容 /万 m³	有效库容 /万 m³	计算区域内当月淤积量 /万 m³
9 月 1 日	15	7.0	3.7	3.3	0.0
10 月 1 日	16	10.2	5.8	4.3	−9.6
11 月 1 日	17	11.4	6.6	4.8	1.7
12 月 1 日	18	9.8	5.4	4.4	1.2
1 月 1 日	19	8.7	4.6	4.1	1.0
2 月 1 日	20	7.9	3.9	3.9	0.8
3 月 1 日	21	7.1	3.3	3.8	0.9
4 月 1 日	22	6.4	2.7	3.6	−1.1
5 月 1 日	23	7.1	3.3	3.8	0.5
6 月 1 日	24	6.8	3.1	3.7	—

注 "当月淤积量"中的负号代表冲刷。

（四）水流流态

根据不同的来流量，上马相迪 A 水库的调度运行方式也会相应作出调整，由此导致水库尤其是坝前流态有所变化。根据上马相迪 A 水库的运行方式，选择大、中、小三个具有代表性流量：$50\text{m}^3/\text{s}$、$97.3\text{m}^3/\text{s}$ 和 $350\text{m}^3/\text{s}$，分别对应正常发电工况、发电排沙工况和发电泄洪工况，给出各种典型工况下水库在冲淤平衡前后坝前水流流态。

建库初期库区和上游河道流速差别较大，水库库尾附近为界，明显地呈现出上游河道流速大、库区河段流速小的特征。库尾以上河段流速在沿水流方向没有明显的变化趋势，沿河宽方向流速呈抛物线分布，河道中心流速最大，往两岸流速逐渐减小。库区河道流速则从库尾向坝前逐渐减小，沿河宽方向呈抛物线分布，河道中心流速最大，往两岸逐渐减小。各种流量下整体流速分布规律基本相同，选取多年平均流量条件下流速分布说明库区整体流速变化，该工况下入库流量为 $97.3\text{m}^3/\text{s}$。建库初期多年平均流量下流速分布见图 3-20。从图中可以看出，水库库尾以上受水库壅水影响较小，河道流速较大，最大流速为 3.6m/s，在河道的横断面上存在明显的主流带，主流带流速基本为 1.5～3m/s。

库尾以下河段流速开始沿程减小，断面上最大流速从库尾处的 1.5m/s 减小至坝前的 0.15m/s，流速减小较为明显。该工况下水流从发电引水渠和排沙闸出库，这两处口门附近的流速基本位于 0.5～0.7m/s。

图 3-21 所示为建库初期发电运行方案下坝前流速分布。正常蓄水位发电情况下，坝前水面宽度在 60m 左右，水流只能从发电引水渠出库。距离坝址较远的库区河道中主流带的垂线平均流速在 0.1m/s 左右，随着水流向坝前运动，从距离坝址 30m 处开始主流带开始左偏，流向逐渐偏向电站进水口一侧，且水流逐渐集中，流速从 0.1m/s 开始逐渐增加到电站引水渠口门处的 0.6m/s 以上，此处流速有比较显著的增大。总体来看，该工况下水流较为顺畅，引水口附近没有出现明显的回流区。

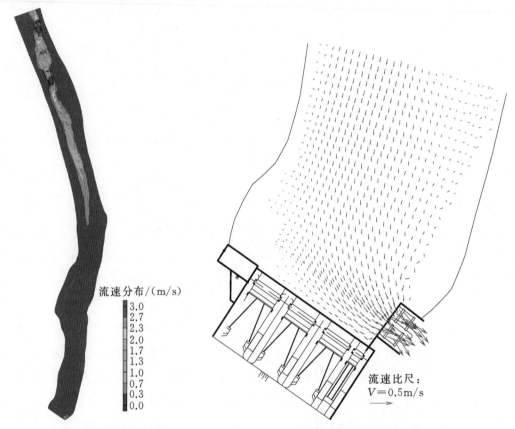

流速分布/(m/s)

3.0
2.7
2.3
2.0
1.7
1.3
1.0
0.7
0.3
0.0

流速比尺：
V=0.5m/s

图 3-20　建库初期多年平均　　　　图 3-21　建库初期发电运行方案下坝前
流量下流速分布　　　　　　　　流速分布（流量为 50m³/s）

如图 3-22 所示，在建库初期采用泄洪发电运行方案时，水流通过左岸的排沙闸和发电引水洞排向下游。此时坝前水位仍为正常蓄水位，距离坝址较远的河道主流流速约为 0.2m/s，水流运动到坝前时水流集中，流向偏向左岸，排沙闸下泄的流量为 41.7m³/s，从引水渠引走的流量为 55.6m³/s。总体来看，该工况下电站引水渠口门和排沙闸口门流态都较为平顺，水流基本能够较为顺畅地进入建筑物口门，且没有出现明显的回流区。

图 3-23 所示为建库初期发电泄洪运行方案中同时打开发电引水渠闸、泄洪排沙闸和排沙闸的流态分布，此时入库流量为 300m³/s，坝前水位仍然采用正常蓄水位。大部分流量从位于河道中间的泄洪排沙闸和排沙闸排出，从发电引水渠进入发电站的流量仍然为 55.6m³/s。除了发电引水渠口门附近水流左偏进入渠内，大部分区域内水流流向基本正对大坝，流态较为顺畅，没有明显的回流出现。远离坝址的库区河道主流流速为 0.6m/s 左右，水流进入引水渠时流速略有增加，泄洪闸和排沙闸口门处的流速与库区河道主流流速基本相同，没有明显的变化。

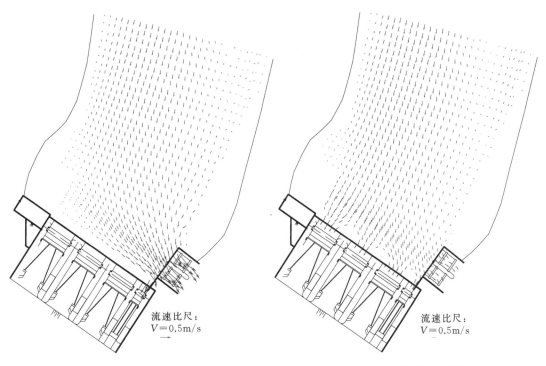

图 3-22　发电排沙运行方案坝前流态　　　图 3-23　建库初期发电泄洪运行方案
　　　（流量为 97.3m³/s）　　　　　　　　　坝前流态（流量为 300m³/s）

淤积平衡后，水库底部高程相对建库初期有比较大的抬升，从库尾到坝前淤积厚度逐渐增大，坝前河底高程变化尤为明显，建库初期水库坝前最大水深约为 14m，淤积平衡后最大水深约为 2.5m。水库淤积导致同一水位下过水面积也相应减小，坝前断面过水面积缩减尤其明显。总体来看，库区流速从库尾至坝前没有明显的变化趋势，沿程流速大致相同，主流带最大流速约为 0.8m/s。该流量条件下，出库水流分别从发电引水渠和排沙闸流出，由于出库水流通道缩窄，水流在发电引水渠入口上游处流速较库区中有所增大，

此处流速为 $1\sim2\mathrm{m/s}$，进入引水渠后由于水深增加平均流速又下降到 $0.7\mathrm{m/s}$ 左右，排沙闸处的流速也为 $0.7\mathrm{m/s}$ 左右。淤积平衡后整个库区的流速分布如图 3-24 所示。从图中可以看出，由于库尾以上河道泥沙冲淤幅度相对较小，因此水库淤积平衡后库尾以上流速与建库初期相比变化不大。主流靠近河道中间，主流带流速仍然为 $2\sim3\mathrm{m/s}$。

水库淤积平衡后在发电运行方案下，相比同等流量建库初期的坝前流速整体有所增加，库区主流带垂线平均流速为 $0.4\mathrm{m/s}$ 左右，发电引水洞口门附近水流集中，流速有所增大，库区靠近引水口区域内的垂线平均流速大多在 $1\mathrm{m/s}$ 左右。与建库初期相比，坝前流态基本相同，只是流速整体大幅增加，主要是由于淤积造成同一水位下过水面积减小形成的。总体来看，淤积平衡后发电引水洞引水基本不受影响，发电引水洞口门附近流态较为顺畅，不存在回流或流态不顺的现象，如图 3-25 所示。

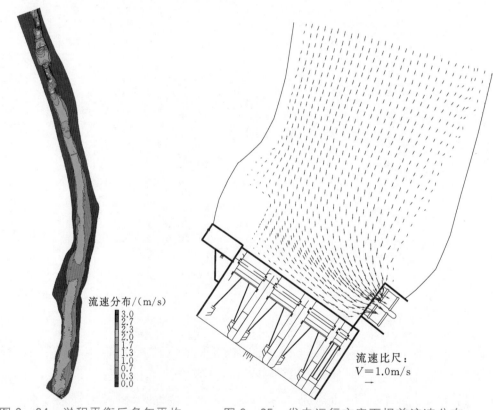

图 3-24 淤积平衡后多年平均流量下流速分布

图 3-25 发电运行方案下坝前流速分布（流量为 50m³/s）

淤积平衡后发电排沙运行方案与建库初期相比流态没有大的变化，水流依然在坝前 30m 处开始左偏进入发电引水渠和排沙闸，但整个库区的水流流速均比建库初期有较明显增加，如图 3 - 26 所示。淤积平衡后，水流没有集中进入引水渠之前，库区河道主流带的流速为 0.8m/s 左右，当水流开始左偏并逐渐集中下泄时，流速开始逐渐增加，靠近引水渠口门处的河道最大流速约为 2m/s，当水流进入引水渠后，由于水深增加，流速又降低到 0.7m/s 左右。

淤积平衡后采用发电泄洪运行方案时，坝前水位仍为正常蓄水位。该工况下除引水渠引走的发电流量外，其余水流大部分从泄洪闸和排沙闸排向下游。从流态来看，水流流速在库区中分布较为均匀，主流带最大流速为 1.6m/s 左右，水流达到坝前时，在各个出口处集中下泄，导致水流出口附近流速有较大幅度的上升，泄洪闸口门附近河道最大流速为 3m/s 左右，引水渠和排沙闸口门附近河道流速最大流速为 2m/s 左右，各口门附近水流基本能够顺利进入口门，在口门附近无回流等散乱流态，如图 3 - 27 所示。

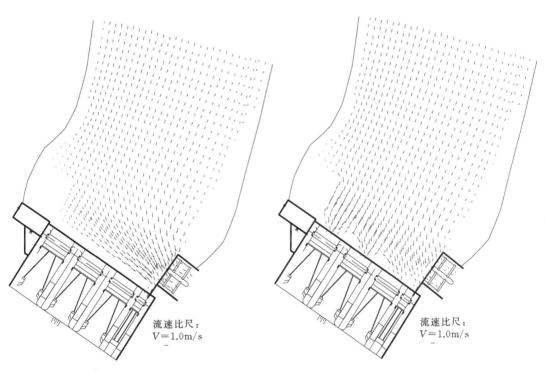

流速比尺：
V=1.0m/s

流速比尺：
V=1.0m/s

图 3 - 26　发电排沙运行方案下坝前　　　图 3 - 27　发电泄洪运行方案下坝前
　　　流速分布（流量为 97.3m³/s）　　　　　　流速分布（流量为 300m³/s）

（五）含沙量分布

图 3 - 28 所示为建库初期多年平均流量下含沙量在上马相迪 A 库区的分布状况。计算区域入口含沙量约为 1.24kg/m³，进口含沙量不大，水流挟沙尚未达到饱和状态，在计算入口到水库库尾之间的河段产生了一定的冲刷，

导致库尾处含沙量增加到了约 1.3kg/m³，此后受到水库壅水的影响，含沙量从上游至下游逐渐减小，库区以淤积为主，水流运行到坝前时含沙量减小至 0.96kg/m³ 左右。库区河道断面较窄，泥沙在横断面上分布较为均匀，靠近岸边含沙量比主流带略有减小，相差在 0.01kg/m³ 以下，该入库水沙条件下，在建库初期，计算区域入口约 23% 悬移质泥沙落淤在水库中，电站进水口前含沙量相对天然情况下有所减小。

淤积平衡后，库区河底淤积抬升，同一水位下过水面积相对于建库初期大幅度减小，流速显著增加，水流挟沙能力也相应增加。由于库区前期淤积已经较多，当来流较大而含沙量相对较少时，库区容易发生冲刷。从含沙量分布来看，在多年平均流量条件下，计算入口到库尾河段含沙量从 1.24kg/m³ 增加到 1.27kg/m³，含沙量在该河段沿程略有增加，但是增加幅度不大。从库尾至往下游直到坝前含沙量增加幅度开始增大，坝前含沙量约为 1.46kg/m³，比计算入口处含沙量增加了 18%，说明水库里在该水沙和地形条件下水库是冲刷的，如图 3-29 所示。

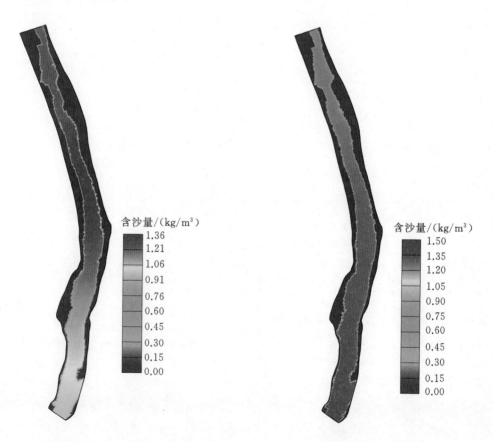

图 3-28　建库初期年均流量下含沙量分布　　图 3-29　淤积平衡后年均流量下含沙量分布

（六）出库泥沙特征

上马相迪 A 水库入库泥沙量较大，泥沙集中在汛期，而且日均含沙量变化幅度很大，造成出库泥沙变幅也较大。从总体来看，出库含沙量与来沙系数关系较为密切，当来沙系数较大时，泥沙通过水库的调节后达到坝前的含沙量比入口含沙量有所减少，减少幅度与来沙系数基本成正比。当非汛期含沙量减少，且来沙系数较小时，入库泥沙被水流冲刷带往坝前，此时坝前含沙量大于入库含沙量。通过水库的调节，天然情况下的含沙量变化幅度会有所减小，坝前含沙量过程与进口含沙量过程相比较为平稳，计算周期内取水口平均含沙量 2.31kg/m³，略小于入库含沙量。

图 3-30 表明，泥沙在水库冲淤的过程中，不仅入库和出库泥沙的量存在差别，两者的级配同样有一定的差别。入库中值粒径约为 0.118mm，汛期大洪水条件下水库出库泥沙级配较粗，悬移质中值粒径可以达到 0.3mm 以上，而非汛期当来流量较小时，出库悬移质泥沙的中值粒径则会小于入库泥沙中值粒径，中值粒径可以小到 0.05mm。

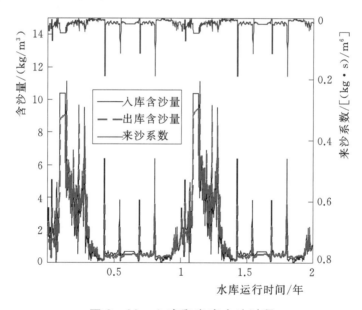

图 3-30　入库和出库水沙过程

上马相迪 A 水库淤积发展较快，水库在 1 年时间内就可以达到淤积平衡，此后水库淤积量和库容都基本不再变化，此时出库泥沙的级配仍然在逐渐变粗，具体表现为：在相同来水来沙条件下，出库泥沙中的细颗粒泥沙占比略有减小，大颗粒泥沙占比略有增加。

泥沙淤积导致水库床沙级配发生了较为明显的变化，来沙级配小于原始河道的河床泥沙级配，因此水库泥沙淤积过后，床面泥沙级配小于原始河床泥沙级配。以河床表面以下 2m 范围内的泥沙级配代表床沙的级配，其变化过程如图 3-31 所示，图中所示的泥沙级配的时间节点为每年汛初。由图可见，随着水库淤积的发展，库区不同位置的床沙级配略有差别。水库运行 1 年时间里，库区在淤积量上已经达到平衡，此时库尾断面的冲淤并不明显，泥沙级配与天然河道河床级配相比其变化也不太明显，1 年以后随着淤积向水库上游发展，库尾以上淤积较多，此处床沙也由于泥沙淤积而明显细化，河床表面以悬移质泥沙为主，基本没有推移质。

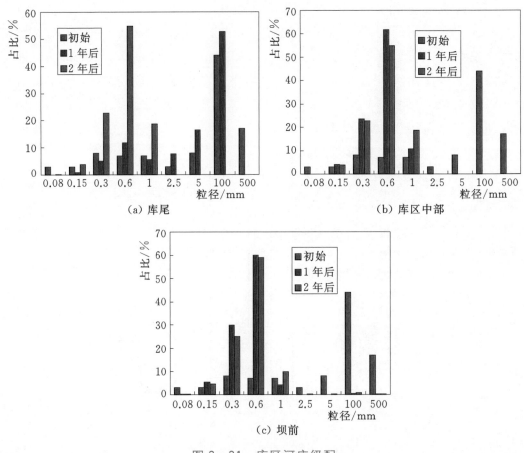

图 3-31　库区河床级配

库区中部和坝前断面的床沙变化规律基本相同，都是从水库运行开始，随着泥沙落淤，床面泥沙级配开始细化，第 2 年汛初库区河道表面推移质泥沙占比已经可以忽略，床面泥沙较细，以悬移质泥沙为主，其中 0.15mm 以上悬移质在床沙中占比增加，其中 0.3～0.6mm 粒径组的泥沙增加最多，在床沙中的占比也最大。

第二节 水库排沙方案制订

一、水沙变化对库区淤积的敏感性分析

(一) 入库沙量对淤积过程的影响

中马相迪水文站实测水沙资料表明，该站悬移质年来沙量约为757万t。上述计算中，上马相迪A坝址按照994万t悬移质来沙量考虑是偏于安全考虑，若按照中马相迪水电站坝址的输沙模数2558t/(km²·a)，得上马相迪A坝址以上流域多年平均悬移质年沙量为701万t，来沙量减少了293万t，相对减少约30%。考虑到入库泥沙量会对库区淤积造成影响，需要对两种水沙条件下的计算结果进行对比分析。

按照年来沙701万t计算得到的水库纵剖面，如图3-32所示。从图中可以看出，该水沙条件下水库淤积纵剖面也是在1年内达到淤积平衡，坝前河底高程约为899m，平均河底高程约为899.6m，比采用994万t来沙量计算得到的坝前平均淤积高程低约0.4m。整个纵剖面淤积过程和淤积平衡高程均相差不大。

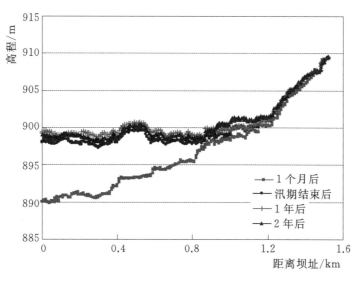

图3-32 淤积纵剖面

两种来沙条件下的泥沙累计淤积过程对比如图3-33所示。两条累计淤积曲线基本平行，来沙量较小的泥沙淤积曲线位于下方，表明来沙量减小时，水库淤积量也相应有所减少，但是水库淤积趋势基本没有大的变化，库区淤

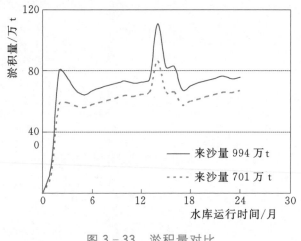

图 3-33 淤积量对比

积量仍然有较大的波动，且从淤积量上来看淤积平衡应在 1 年之内。当入库沙量为 994 万 t 和 701 万 t 时库区最大泥沙淤积量分别为 111 万 t 和 86 万 t，最大淤积量减少了 25 万 t，相对减少 22%；两种来沙条件下水库运行 2 年时库区的泥沙淤积量分别为 76 万 t 和 67 万 t，淤积量减少了 9 万 t，相对减少 12%，水库泥沙淤积的绝对变化量和相对变化量均小于水库来沙的变化幅度。库区泥沙淤积量变化过程表明库区泥沙淤积量与来沙量成正比，但是变化幅度小于来沙量变化幅度。

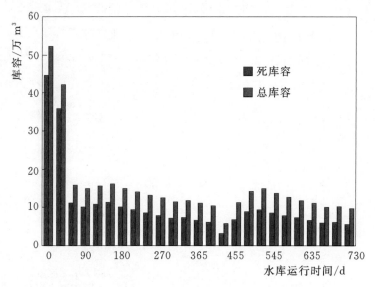

图 3-34 库容变化

　　图 3-34 所示为基于 701 万 t 入口悬移质来沙量得到的库容变化过程。从图中可以看出，该水沙条件下水库库容损失速度仍然较快，水库运行两个月之后库容总库容和有效库容分别从 52.2 万 m^3 和 44.6 万 m^3 分别减小到 15.8 万 m^3 和 11.1 万 m^3，此后库容大小虽有起伏，但总体变化幅度已不大。淤积平衡后的每年汛初时的总库容和死库容分别在 10 万 m^3 和 6 万 m^3 左右，相对于大来沙量总库容和死库容均有所增加，有效库容基本可以维持在 4 万～5 万 m^3。不同水沙条件下水库库容变化过程对比见表 3-9。由于入库泥沙减少，

水库中泥沙淤积有所减少，同一时期水库总库容有较为明显的增加，淤积平衡后库容相对增加了 3 万～4 万 m³，水库有效库容也有所增加，但是增加幅度不大，基本在 1 万 m³ 左右，说明当来沙量较小时，水库减少的泥沙淤积主要集中在正常蓄水位以上。

表 3 - 9　　　　　　　　　不同水沙条件下水库库容变化过程对比

水库运行时间/月	日期	悬移质沙量 994 万 t		悬移质沙量 701 万 t		有效库容变化/万 m³
		总库容/万 m³	有效库容/万 m³	总库容/万 m³	有效库容/万 m³	
0	6 月初	52.2	7.6	52.2	7.6	0.0
1	7 月初	38.9	6.2	42.2	6.4	0.2
2	8 月初	7.9	3.2	15.8	4.7	1.5
3	9 月初	8.7	3.5	14.9	4.8	1.2
4	10 月初	11.3	4.3	15.6	4.9	0.6
5	11 月初	12.8	4.6	16.1	4.9	0.3
6	12 月初	11.2	4.4	15.0	4.8	0.4
7	1 月初	10.1	4.3	14.0	4.7	0.4
8	2 月初	9.3	4.2	13.2	4.7	0.4
9	3 月初	8.5	4.1	12.4	4.6	0.4
10	4 月初	7.5	4.0	11.5	4.5	0.5
11	5 月初	8.4	4.2	11.8	4.6	0.4
12	6 月初	7.9	4.1	11.1	4.5	0.4
13	7 月初	7.1	3.8	10.4	4.4	0.6
14	8 月初	4.0	1.8	5.8	2.7	0.8
15	9 月初	7.0	3.3	11.2	4.5	1.2
16	10 月初	10.2	4.3	14.2	5.3	1.0
17	11 月初	11.4	4.8	14.9	5.6	0.9
18	12 月初	9.8	4.4	13.7	5.2	0.8
19	1 月初	8.7	4.1	12.7	4.9	0.8
20	2 月初	7.9	3.9	11.9	4.7	0.7
21	3 月初	7.1	3.8	11.0	4.5	0.7
22	4 月初	6.4	3.6	10.1	4.3	0.6
23	5 月初	7.1	3.8	10.3	4.3	0.5
24	6 月初	6.8	3.7	9.7	4.2	0.4

图 3-35 所示为不同来沙对进入引水渠的泥沙粒径影响。由图 3-35 可见，当来沙量较小时进入引水渠的泥沙级配总体略有减小。分时段来看，在汛期两种来沙条件对进入引水渠的泥沙级配影响不大，两种条件下的中值粒径基本相同，而非汛期尤其是临近汛期时，小来沙量条件下的中值粒径比大来沙量有较明显的减小。年均入库悬移质泥沙量为 701 万 t 时的入库含沙量、发电引水渠的含沙量及相应的泥沙级配过程见表 3-10。该水沙条件下入库平均含沙量 2.30kg/m³，出库平均含沙量 2.23kg/m³，出库略小于入库。

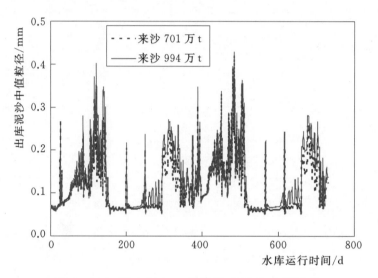

图 3-35　引水渠入口处悬移质泥沙中值粒径

表 3-10　　　　　　　　　　　不同调度方案发电引水含沙量

来沙量 /万 t	平均引水含沙量/(kg/m³)				
	原方案		降水位到 900.25m	降水位到 901.25m	敞泄
	计入	不计入			
701	2.233	1.759	1.731	1.743	1.704
994	3.212	2.549	2.512	2.528	2.482

注　降水位排沙方案的平均含沙量计算中没有计入排沙时的含沙量，原方案中的计入是指按所有天数平均，不计入是指平均时不计入降水位运用时的含沙量。

（二）水沙搭配关系对淤积过程的影响

在此次所采用的水沙条件下，水库坝前水位始终保持在正常蓄水位，因此入口水沙是影响泥沙淤积的主导因素。通过分析，影响泥沙淤积的关键变

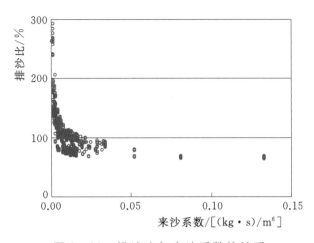

图 3-36 排沙比与来沙系数的关系

量是来沙系数，该变量既包含了流量，又包含了含沙量，是一个综合变量。分析表明，来沙系数与排沙比和水库淤积量的相关性较好，如图 3-36 所示。由图 3-36 可见，排沙比与来沙系数成指数关系，排沙比随来沙系数增加而减小，相关系数接近 0.8，相关性较好。正常蓄水位条件下来沙系数小于 0.006（kg·s）/m⁶ 以下时

排沙比大于 100%，表明库区有冲刷，即来沙系数为 0.006（kg·s）/m⁶ 是库区冲淤的临界点。

从图 3-37 所示的来沙量与淤积量关系中可以看到，库区的淤积主要发生在几次来沙量较大的来沙过程中，因此库区的淤积受这种来沙过程影响最大。

综合水库排沙比与来沙系数以及淤积量与含沙量之间的关系可以发现，最有利的排沙时机应当是大水大沙条件。因为当水库入口出现大水大沙时，此时来沙系数不一定很大，库区排沙比相对保持较大，而导致坝前含沙量减小幅度不明显，坝前含沙量过大对正常发电造成一定影响；同时由于来沙量很大，虽然排沙比

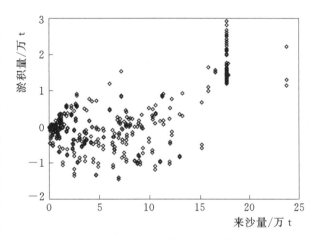

图 3-37 淤积量与来沙量的关系

较大，但是淤积量的绝对值也较大，通过调控可以减少淤积量。

（三）不同调度方案对淤积过程的影响

上马相迪 A 水电站库容较小，水位升降较快，因此可以考虑在有利的条件下停止发电，通过降低水位来增加水流冲刷能力，将大量泥沙带往下游，既增加了库容，又能减少后期发电引水的含沙量。

根据以上的分析结果，当流量大于 200m³/s，来沙系数大于 0.25（kg·s）/m⁶

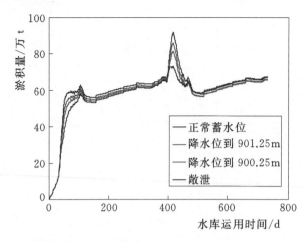

图 3-38　不同降水位方案的淤积过程

（来沙 701 万 t）

时开始降水位运用，据此条件每年需要降水位运行 18d，分别设置 3 种降低水位运行方案，其坝前水位分别为 901.25m、900.25m 以及开闸敞泄控制。三种方案下水库淤积量变化过程如图 3-38 所示（以入口来沙 701 万 t 为例，来沙 994 万 t 与此类似）。由图可见，降水位可以在一定程度上控制水库淤积的发展。水位降低幅度越大，累计淤积曲线的峰值越小，说明降水位可以有效地降低大水大沙的淤积量，但是由于降水过后水库的回淤，到了第二年汛期各个方案的淤积量基本相差不大。最大可以减淤 18 万 t，此后发电时泥沙回淤也可减少坝前引水含沙量。

各调度方案下发电引水平均含沙量见表 3-11。从表 3-11 中可以看出，水位降低幅度越大，发电引水含沙量减少越多。按照此次设置的排沙条件，引水渠的平均含沙量可以减少 20% 以上。入口来沙在 701 万 t 和 994 万 t 的条件下，平均含沙量最多分别可以减少 $0.529kg/m^3$ 和 $0.730kg/m^3$。通过短时间的降水排沙，可以大幅减少发电引水含沙量。

（四）大洪水条件下库区冲淤变化

上马相迪 A 坝址附近设计洪峰流量见表 3-11。根据上马相迪 A 闸坝和厂房的设计条件，计算中考虑流量小于 50 年一遇的洪水。根据上马相迪 A 水库的运行方式，当入库流量大于 $1180m^3/s$（$P=20\%$ 洪水洪峰流量）时，调整闸门开启孔数和开度，将库水位降低至死水位 901.25m 运行；当入库流量大于 $2880m^3/s$（死水位 901.25m 相应闸孔泄流能力）时，闸门全开，保持自由泄流状态。由于泥沙淤积会导致同流量下坝前水位壅高，因此计算中坝前水位控制条件按照不低于 901.25m 设定。

根据实测资料分析可知，上马相迪 A 坝址附近在大洪水条件下含沙量不大，普遍在 $2kg/m^3$ 以下，由于平均值与峰值之间存在一定差距，从平均值和偏于安全两种角度来考虑，进口含沙量分别采用 $1kg/m^3$、$2kg/m^3$、$5kg/m^3$、$10kg/m^3$ 和 $20kg/m^3$，推悬比按照 30% 给定。计算采用的初始地形是淤积平衡后的汛初地形，洪峰持续时间为 1d。

表 3-11 水库闸前洪水位成果表（闸门全开泄流工况）

项　目	数　值						
洪水频率/%	0.2	0.5	1	2	3.33	5	20
洪峰流量/(m³/s)	3480	3010	2650	2300	2050	1850	1180
闸前水位/m	903.10	901.66	900.52	899.36	898.16	897.37	894.77
备注	校核洪水			设计洪水			

　　低频率大洪水含沙量较低，流速大，流速大部分为 3~5m/s，大洪水相对于小洪水流速整体略有增加，但变化不大。计算区域内不同频率洪水流速分布如图 3-39 所示。由图可见，不同频率洪水条件下库区流速分布规律基本一致，库区上游河道流速整体大于库区流速，最大流速出现在入口下游河道束窄处，极端最大流速为 7~8m/s，随流量增加而增加，大部分区域流速为 3~5m/s，闸门处最大垂线平均流速为 5.3~6.0m/s，最大流速值与流量成正比。总体上，不同频率洪水下整个计算区域流速与流量成正比，且流速相差不大。

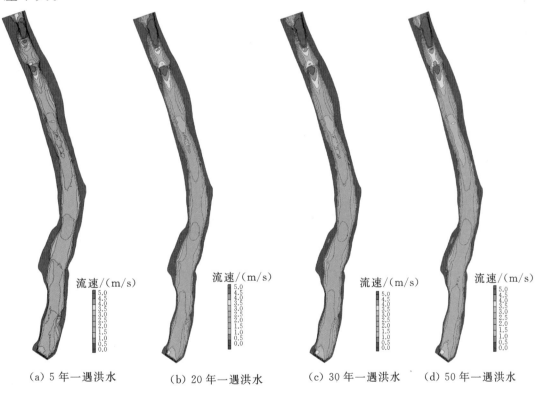

（a）5 年一遇洪水　　（b）20 年一遇洪水　　（c）30 年一遇洪水　　（d）50 年一遇洪水

图 3-39　不同洪水条件下流速分布

当水库淤积平衡后水库中淤积了大量的泥沙，尤其是坝前泥沙较细，容易被水流冲刷带走，不同频率洪水水沙条件下库区具有一定的冲刷，具体数值见表 3-12。

表 3-12　　　　　　　　　　　　洪水条件下水库冲淤变化

洪水频率/%		20	5	3.33	2
洪峰流量/(m³/s)		1180	1850	2050	2300
含沙量 1kg/m³	整体冲淤量/万 t	−4.5	−4.9	−4.8	−5
	库容变化/万 m³	2	2	2	2
	库区冲淤占比/%	71	65	66	64
含沙量 2kg/m³	整体冲淤量/万 t	−3.1	−2.5	−2.2	−1.9
	库容变化/万 m³	1.6	1.4	1.4	1.3
	库区冲淤占比/%	82	89	101	109
含沙量 5kg/m³	整体冲淤量/万 t	−1.6	−1.8	−1.6	−1.3
	库容变化/万 m³	1.3	1.3	1.2	1.2
	库区冲淤占比/%	126	113	123	147
含沙量 10kg/m³	冲淤量/万 t	1.2	1.0	1.4	1.6
	库容变化/万 m³	0.4	0.5	0.4	0.4
	库区冲淤占比/%	−55	−80	−47	−39
含沙量 20kg/m³	冲淤量/万 t	7.4	8.0	8.2	8.7
	库容变化/万 m³	−1	−0.9	−1.1	−1.2
	库区冲淤占比/%	22	18	21	22

注　冲淤量中负号代表冲刷，库容变化中正号代表库容增加，冲淤占比中负号表示冲淤性质相反。

当悬移质含沙量为 1kg/m³ 时，各频率洪水条件下水库冲刷量为 4.5 万～5.0 万 t，大洪水冲刷量相应较大，但不同频率洪水冲刷所造成的库容增加量基本相同，均为 2.0 万 m³，说明在 902.25m 高程以下冲淤量相同，而在该高程以上不同洪水冲淤量略有差别。

当悬移质含沙量为 2kg/m³ 时，各频率洪水条件下水库冲刷量为 1.9 万～3.1 万 t，大洪水冲刷量相对较小，冲刷基本都在 902.25m 高程以下，库容增加量为 1.3 万～1.6 万 m³，大洪水水库增加相对较少。

当悬移质含沙量为 5kg/m³ 时，各频率洪水条件下水库冲刷量为 1.3 万～

1.6 万 t，大洪水冲刷量相对较小，冲刷基本都在 902.25m 高程以下，库容增加量在 1.3 万 m³ 左右。

当悬移质含沙量为 10kg/m³ 时，各频率洪水条件下水库以淤积为主，淤积量为 1.2 万～1.6 万 t，坝前仍然有局部冲刷，冲刷深度为 3.5～4m，库容增加量为 0.5 万 m³ 左右。

当悬移质含沙量为 20kg/m³ 时，各频率洪水条件下水库出现较为明显的淤积，淤积量为 7.4 万～8.7 万 t，水库库容减少量在 1 万 m³ 左右。坝前淤积较多，此处局部仍有冲刷，最大冲深在 2～3.3m。

对比这两种含沙量条件下冲刷和库容增加值可以发现，当来水含沙量为增加时，库区冲刷逐渐减小，5 年一遇到 50 年一遇洪峰流量下含沙量为 10kg/m³ 左右时，水库库区基本处于冲淤平衡状态，当含沙量继续增加时库区以淤积为主，水库库容减少，库区淤积量与入库含沙量成正比。

在本次计算的大洪水来水来沙条件下，坝前均有冲刷，最大冲刷深度为 3～4m，与洪水流量和含沙量均有关，大流量、小含沙量冲刷幅度更大，但总体相差不大。淤积的原始河床上的泥沙厚度为 10m 左右，各洪水条件下坝前冲刷没有波及到原始河床。

图 3-40 所示为计算区域内泥沙冲淤量的组成分析。由图可见，在大洪水条件下整个区域以冲刷为主，但冲刷的泥沙主要是悬移质泥沙，推移质泥沙以淤积为主，悬移质冲刷量与来流量成正比，推移质淤积量也与来流量成正比。两种进口含沙量条件下，同一洪水流量下含沙量较小时，悬移质冲刷量相对较大，但冲刷量相差均不超过 1 万 t，相对增加不超过 20%；而同一流量下来沙量较大时，推移质淤积量则明显增加，普遍增加在 1 万 t 以上，相对增加幅度在 50% 以上。由此可见，大洪水条件下影响库区冲淤的主要是推移质，不同含沙量条件下悬移质冲淤量变化幅度相对较小。

二、水库排沙方案确定

根据实测资料，采用汛后大流量、低含沙量组合的水沙条件作为拉沙计算的进口水沙条件，具体分别采用 $Q = 100\text{m}^3/\text{s}$、$S = 0.11\text{kg/m}^3$ 和 $Q = 200\text{m}^3/\text{s}$、$S = 0.34\text{kg/m}^3$，拉沙持续时间均为 24h。通过计算得到拉沙后河床冲刷深度以及拉沙过程中坝前河床高程的变化分别如图 3-41 和图 3-42 所示。

由图 3-41 可以看出，拉沙没有让整个横断面都发生冲刷，拉沙后在河床中心位置形成一条输沙廊道，冲刷深度从闸前往上游冲刷深度逐渐较小，局

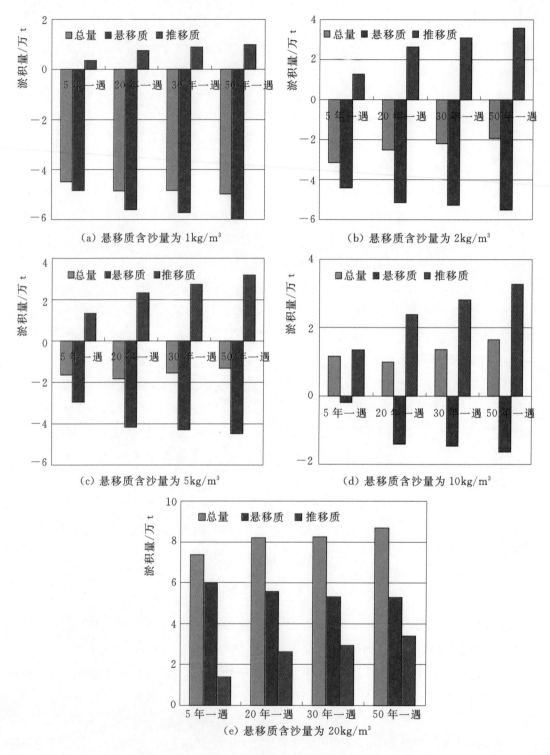

（a）悬移质含沙量为 1kg/m³

（b）悬移质含沙量为 2kg/m³

（c）悬移质含沙量为 5kg/m³

（d）悬移质含沙量为 10kg/m³

（e）悬移质含沙量为 20kg/m³

图 3-40 不同洪水水沙条件下泥沙淤积量对比

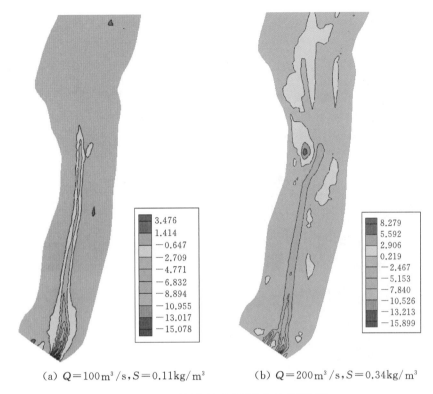

(a) $Q = 100\,\mathrm{m^3/s}, S = 0.11\,\mathrm{kg/m^3}$　　(b) $Q = 200\,\mathrm{m^3/s}, S = 0.34\,\mathrm{kg/m^3}$

图 3-41　拉沙结束时河床冲刷深度

部的冲刷较大，冲刷最大的位置在闸孔处，在靠近坝前处形成了类似于冲刷漏斗的形态，最大冲刷深度可以将此前淤积在此处的泥沙全部冲走。

图 3-42 给出了拉沙过程中逐小时河床高程变化过程，从不同时段的河床高程的对比可以看出，冲刷从坝前开始，然后逐渐向上游发展，拉沙前期和中期河床高程下降较快。拉沙持续 20h 之后河床高程和冲刷范围已经基本固定，此后再进行降低水位拉沙的效果已经不明显。

根据模型计算结果可知，上马相迪 A 水库库容与入库水沙量相比很小，为了保障正常发电，水库水位变动很小，泥沙淤积难以避免。因此需要定期敞泄排沙，以保障电站长期安全运行。上马相迪 A 水库的淤积主要集中在汛初和汛末，主汛期水库略有淤积，坝前 200m 范围内基本冲淤平衡。依据水库淤积特性，结合水库运用方式，建议在每年的汛后进行一次敞泄拉沙，拉沙流量应在 $100\,\mathrm{m^3/s}$ 以上，一次拉沙所造成排沙量应在 13 万 $\mathrm{m^3}$ 以上，11 月至次年 4 月的入库泥沙总量约为 2 万 t，水库淤积的干容重按照 $1.3\,\mathrm{t/m^3}$ 计算，即使来沙全部淤积在水库中，淤积量也仅为 1.5 万 $\mathrm{m^3}$，因此汛末冲刷形成的库容可以在非汛期得到较好保持，增加了水库的可调节库容，可以增加非汛

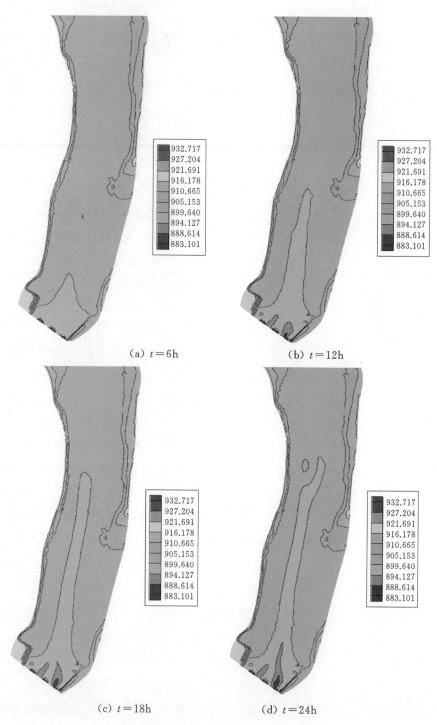

（a）$t=6h$　　（b）$t=12h$

（c）$t=18h$　　（d）$t=24h$

图 3-42　拉沙过程中河床高程变化

期发电引水保证率；当下一个汛期来临时，坝前维持较大的水深可以减少进入引水渠的含沙量。根据当年汛前来水来沙情况，加强水库地形观测，如果汛期泥沙淤积体推至坝前，则需要在流量达到 200m³/s 以上时进行一次敞泄排沙，用以维持坝前一定范围的水深，减少进入引水渠的含沙量，延缓水轮机磨损。拉沙之后以不大于干流来流量的 1/10 的速度将库区蓄满，避免造成蓄水过程中坝前的再次淤积，当干流流量在 200m³/s 以上时，依据蓄水原则空库蓄满用时在 7h 以内，据此估算整个拉沙和重新蓄水过程可以在 24h 内完成，不会对发电造成明显的影响。根据以上分析，对水库拉沙和运行提出如下建议：

（1）汛期库区淤积变化较快，随时需要根据库区淤积情况开展拉沙工作，防止泥沙淤堵闸门。建议以坝前 CS1 断面的淤积高程作为拉沙指征，如该断面的淤积高程达到 898m 则需要进行拉沙。

（2）汛期采用敞泄拉沙，拉沙时的来沙系数宜低于 $0.006(kg \cdot s)/m^6$，拉沙流量宜高于 200m³/s，这样的水沙条件能够有效减少拉沙时长，增加拉沙效率和拉沙量。

（3）建议每年汛末至少进行 1 次拉沙，当淤积较多且水沙条件有利时也可在其他时间段增加拉沙次数。汛末入库流量在 100m³/s 左右，有充足的流量和较低的含沙量，水沙条件有利于冲沙，且冲沙效果在整个非汛期都可以较好的维持，同时汛末来流较大，水库冲刷后可以迅速蓄至正常蓄水位，对于发电影响较小。

（4）拉沙时间建议控制在 24h 以内。上马相迪 A 水库库区范围较小，从开始拉沙到达到新的平衡状态在数小时内即可完成，当库区淤积形态达到新的平衡状态时，继续降低水位拉沙冲刷效果减弱。

第三节　水库实际排沙结果分析

一、实测水沙特性分析

上马相迪 A 水电站运行 2 年来的水文观测数据表明：上马相迪 A 水电站入库水沙集中在汛期，径流约占全年的 70%，沙量占全年 98%；实测来水量较为平稳，实测来沙量变化幅度较大。2017 年干流入库径流 33.4 亿 m³，2018 年约 38.4 亿 m³，实测年径流量都略大于设计的多年平均径流量 30.7 亿 m³。2017 年实测入库沙量约为 329 万 t，年均含沙量 0.98kg/m³；2018 年实测入库沙量约为 567 万 t，年均含沙量 1.48kg/m³；实测入库沙量小于设计的

701 万～994 万 t。

上马相迪 A 水电站建成后，十分重视水文泥沙及地形数据的测验和收集工作。连续观测了自 2017 年 3 月底至 2018 年底干支流入库及引水渠沿程的流量、含沙量、悬沙级配，以及不定期库区和引水渠地形。汛期水文泥沙观测频率为每日，非汛期观测频率为每旬或每周。

2017 年 3 月 27 日至 12 月 31 日以及 2018 年 1 月 1 日至 10 月 9 日实测流量及含沙量过程如图 3－43 和图 3－44 所示。

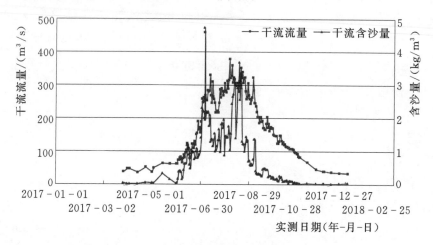

图 3－43　2017 年马相迪河实测流量和含沙量过程

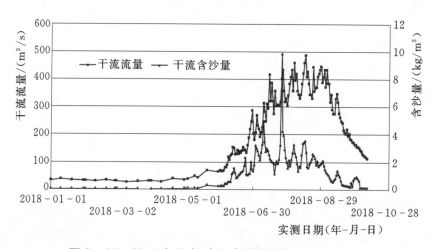

图 3－44　2018 年马相迪河实测流量和含沙量过程

2017 年和 2018 年水沙过程较为相似，干流来流量均集中在 6—10 月，含沙量集中在汛期 6—9 月；但 2018 年整体来流量和来沙量大于 2017 年。2017 年流量大于 200m³/s 的有 67 天，最大流量为 459.1m³/s（7 月 5 日），最大含沙量为 4.74kg/m³（7 月 5 日）；2018 年流量大于 200m³/s 的有 77 天，最大流量为 486.7m³/s（8月15日），最大含沙量为 9.80kg/m³（7月25日）。

经对非汛期缺测资料根据多年月平均流量或实测两年月平均比对补充，统计并得到 2017 年及 2018 年各年来水来沙量及汛期水沙量，见表 3-13。

表 3-13   2017 年与 2018 年实测水文泥沙情况

项 目		干 流			悬沙中值粒径 /mm
		来水量 /亿 m³	来沙量 /万 t	含沙量 /(kg/m³)	
设计采用值		30.7	994（大沙年）/ 701（中沙年）	3.24（大沙年）/ 2.49（中沙年）	0.125
2017 年	全年	33.4	329.2	0.98	0.01—0.05
	汛期	23.4	322.6	1.38	
2018 年	全年	38.4	567.2	1.48	0.05—0.125
	汛期	29.1	559.5	1.93	

上马相迪 A 入库水沙量主要集中在汛期。其中汛期径流约占全年来水量的 70%，汛期来沙量更为集中，占全年入库总沙量的 98%。实测来水量较为平稳，实测来沙量变化幅度较大。2017 年干流径流 33.4 亿 m³，2018 年约 38.4 亿 m³，实测年径流量都略大于设计的多年平均径流量 30.7 亿 m³；2017 年实测入库沙量约为 329 万 t，年均含沙量 0.98kg/m³，2018 年实测入库沙量约为 567 万 t，年均含沙量 1.48kg/m³，实测入库沙量小于设计采用的年来沙量 701 万～994 万 t。2017 年和 2018 年实测库区悬沙级配较小，远小于设计采用的悬沙级配值。

二、库区淤积和排沙

（一）冲淤过程

2017 年实测资料从 3 月 27 日至 11 月 10 日，有较为完整的地形和水沙资料，包括两次可对比的断面资料、入库流量过程、含沙量过程、泥沙级配以及坝前水位。

实测资料显示上马相迪 A 水电站 2017 年来沙总量约为 329 万 t，年平均含沙量为 0.98kg/m³，约为设计来沙量的 1/3，实际来沙量远小于设计值。但关于推移质的量仍然无法定论。

汛期来沙量占全年沙量的 90% 以上，因此河床变化也主要发生在汛期。根据实测的 2017 年 6 月 5 日（汛前）和 2017 年 11 月 20 日（汛后）实测断面的对比，库区淤积总量约为 16.28 万 m^3，约占来沙总量的 7%，见表 3-14。

表 3-14　　　　　　　　库区淤积特征统计

断面号	距离坝址 /m	汛前断面面积 /m²	汛后断面面积 /m²	断面淤积面积 /m²	累计淤积量 /万 m³
1	13	1330.5	1270.8	59.7	0.08
2	88	1468.6	1435.3	33.3	0.43
3	183	832.3	704.5	127.8	1.19
4	340	893.5	696.4	197.1	3.74
5	500	987.4	705.5	281.9	7.57
6	662	725.3	442.2	283.1	12.15
7	864	447.8	321.9	125.9	16.28

考虑到有些断面测量不完整，同时在 2017 年 11 月 16 日至 18 日连续 3 日开启大坝泄洪闸进行放水拉沙，拉沙期间日均入库流量为 $54\sim65m^3/s$，由于入库流量较小，拉沙持续时间较长，拉沙的影响范围限于坝上游 600m 范围内部分淤积泥沙被冲向下游，按照库区的纵剖面估算，2017 年 11 月排沙后水库淤积泥沙减少约 13 万 m^3，按照水库淤积物干容重 $1.3t/m^3$ 计算，则此次敞泄冲刷的泥沙总重量约为 17 万 t，与数学模型计算所预测的 18 万 t 基本符合。

从淤积纵剖面和典型横断面来看，水库已基本被泥沙淤平，库区淤积高程在 900m 左右，淤积前后纵剖面和典型横断面如图 3-45 和

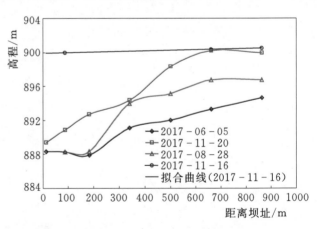

图 3-45　库区纵剖面变化

图 3-46 所示。坝前断面由于冲沙导致高程降低，但根据放水过程中的目测，坝前 CS2 断面泥沙淤积高程也达到了 900m 左右，淤积厚度达 12~13m。

从横断面的淤积过程来看，水库淤积大致集中在两个时段，分别是 6 月 5 日到 7 月 7 日和 8 月 28 日到 11 月 16 日。从纵剖面来看，6 月 5 日到 7 月 7 日纵剖面平均抬高 1.7m，8 月 28 日到 11 月 16 日纵剖面平均抬高 7.5m，后一时段纵剖面变化主要发生在坝前，最大淤积高程接近 12m。

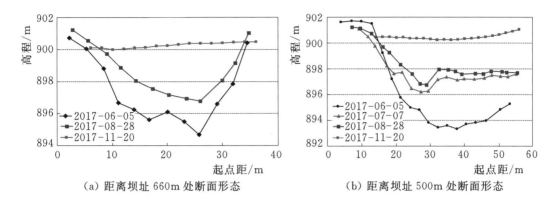

(a) 距离坝址 660m 处断面形态   (b) 距离坝址 500m 处断面形态

图 3-46 典型横断面形态

(二) 冲淤影响因素分析

1. 水位对库区淤积的影响

图 3-47 所示为上马相迪 A 水库坝前水位变化过程,该水库水位较为稳定,测量时段内最高水位 902.55m,出现在 2017 年 4 月 21 日,最低水位 901.33m,出现在 2017 年 5 月 2 日,两者相差 1.22m,长期来看,坝前水位较为稳定,相差不大。汛期来水量都在发电引水量(55.6m³/s)以上,多余的水量会通过闸门下泄以保持坝前水位稳定在 902.25m 左右。因此水库淤积与坝前水位调控基本无关。

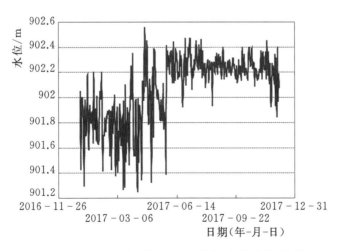

图 3-47 上马相迪 A 水库坝前水位变化过程

2. 水沙过程对淤积的影响

许多河流的淤积过程与含沙量、输沙率的相关性较好。图 3-48 展示了不同时间段上马相迪 A 水库入库含沙量、输沙率的变化过程。从图 3-48 中可以看出，这两个变量的变化规律基本一致，从 2017 年 6 月 5 日开始上涨，到 2017 年 7 月 7 日达到峰值，此后直到 8 月 28 日一直维持在较高的数值。含沙量和来沙量均在 7 月 8 日至 8 月 28 日期间是全年最大的时间段，而 7 月 8 日至 8 月 28 日库区的淤积量明显小于其他两个时段，由此可见这两个变量与泥沙淤积之间关系不明显，均不是造成淤积变化的直接因素。这与前期模型计算分析结果基本一致。

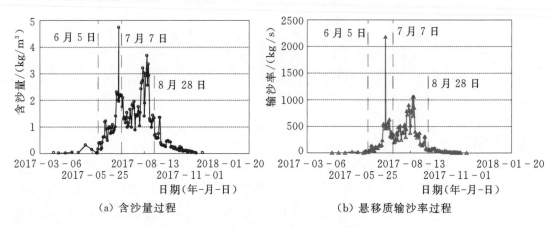

（a）含沙量过程 　　　　　　　（b）悬移质输沙率过程

图 3-48　入库输沙过程

将上马相迪 A 的入库流量及对应的含沙量过程按照时段进行划分，可以看出流量与淤积量之间有较好的相关性，如图 3-49 所示。7 月 8 日至 8

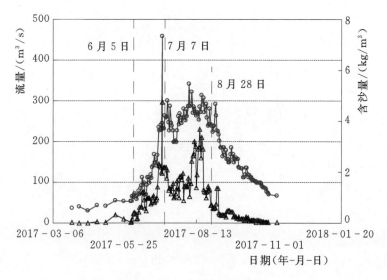

图 3-49　入库水沙过程

月 28 日之间，入库流量显著大于其他时段，入库流量均在 200m³/s 以上。而其他两个时段则基本没有出现大于 200m³/s 的流量。从这三个时段来看，水库淤积主要发生在中小流量时。造成这一现象的原因在于人为控制水位改变了天然河道的水流状态，尤其是对于中小流量的过流面积影响较大，而中小流量的含沙量仍然相对较大，来流中含沙量仍然可以达到 1kg/m³ 左右，进入库区的水流在流速显著减小且具有一定的含沙量条件下会在库区快速淤积。

前期模型计算结果显示，影响泥沙淤积的关键变量是来沙系数，该变量既包含了流量，也包含了含沙量，是一个综合变量。如图 3－50 是根据模型计算结果点绘的排沙比与来沙系数的关系。由图可见，来沙系数与排沙比和水库淤积量的相关性较好，排沙比与来沙系数成指数关系，排沙比随来沙系数增加而减小，相关系数接近 0.8，相关性较好。正

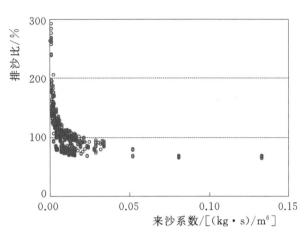

图 3－50　排沙比与来沙系数的关系

常蓄水位条件下来沙系数小于 0.006(kg·s)/m⁶ 时排沙比大于 100％，表明库区有冲刷，即来沙系数为 0.006(kg·s)/m⁶ 是库区冲淤的临界点。

实际观测的结果也表明，在 7 月 7 日至 8 月 28 日期间大部分时间内来沙系数均在 0.006(kg·s)/m⁶ 上下变动，如图 3－51 所示平均来沙系数为 0.0067(kg·s)/m⁶，这段时期内库区来沙量虽然很大，但库区仅略有淤积；而 6 月 5 日至 7 月 7 日、8 月 28 日至 11 月 20 日这两个时段虽然来沙量不大，含沙量也不大，但是该时段来沙系数均大于 0.006(kg·s)/m⁶，这两个时段内库区淤积较大。由此可见，来沙系数是影响库区淤积量的关键因素，其阈值也符合数学模型计算分析结果。

三、实测排沙结果

根据数学模型计算结果提出的排沙建议，上马相迪 A 水电站在 2017—2018 年期间共启动了 6 次拉沙，每次都采用泄空排沙的方式。其中 2017 年汛后由于错过了最佳的水沙条件，而坝前淤积又比较严重，需要清除库内淤积

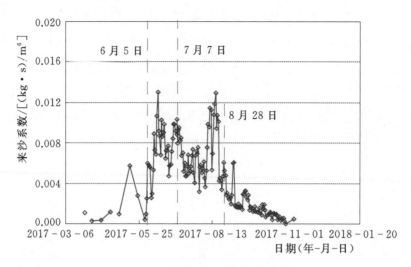

图 3 - 51　来沙系数变化过程

的泥沙以减少闸门淤堵风险、腾出部分调节库容，在 2017 年 11 月来水较小时开展泄空排沙工作，由于入库平均流量仅为 46m³/s，远小于建议的最低排沙流量，此次拉沙持续了数天之久才达到了预期的排沙目标。此后的 5 次拉沙都是在建议的水沙条件下开展的，每次拉沙导致的停机时间约为 6 小时。由此可见，采用数学模型计算分析得到的拉沙条件是符合实际情况。每次拉沙的水沙条件见表 3 - 15。

表 3 - 15　　　　　　　　　　实测拉沙的水沙条件

拉沙时间	2017 年 11 月	2018 年 6 月	2018 年 7 月	2018 年 8 月	2018 年 9 月	2018 年 10 月
平均流量/(m³/s)	46	128	306	412	245	98
平均含沙量/(kg/m³)	0.03	1.68	2.05	1.74	0.32	0.05
启动时坝前淤积高程/m	约 900	约 891	898.6	900.13	约 896	约 891

拉沙既降低了泥沙淤堵泄洪闸门的风险，同时腾出了部分调节库容，降低了进入引水渠的含沙量。每次拉沙之后水库库容增加，起到了以库代池的作用，使得进入引渠的含沙量会比拉沙前降低了 10% 左右，如图 3 - 52 所示。

实测的拉沙数据显示，拉沙期间平均来沙系数越低，尤其是当来沙系数低于建议的阈值，即 0.006(kg·s)/m⁶ 时，坝前泥沙都会没完全冲刷干净，当来沙系数大于 0.006(kg·s)/m⁶ 时随着来沙系数的增加拉沙效果逐渐降低，如图 3 - 53 所示。

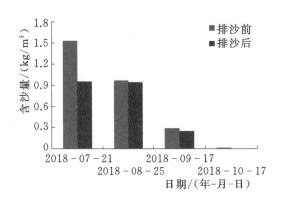

图 3-52 来沙前后入渠含沙量

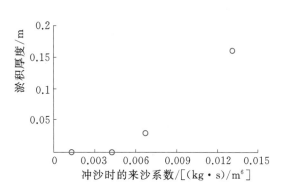

图 3-53 来沙系数与拉沙后坝前
剩余淤积厚度的关系

参　考　文　献

［1］ 李义天，赵明灯，曹志芳. 河流平面二维水沙数学模型 ［M］. 北京：中国水利水电出版社，2001.

［2］ 窦国仁，赵士清，黄亦芬. 河道二维全沙数学模型的研究 ［J］. 水利水运工程学报，1987（2）：3-14.

［3］ 刘万利，李义天，李一兵. 山区河流平面二维水沙数学模型研究 ［J］. 应用基础与工程科学学报，2007（1）：54-64.

［4］ Patankar S V. Numerical Heat Transfer and Fluid Flow ［M］. Washington D C：Hemisphere Pub. Co. ，1980.

［5］ 陶文铨. 数值传热学 ［M］. 西安：西安交通大学出版社，2001.

［6］ TORO E F. Shock-capturing methods for free-surface shallow follows ［M］. Chichester，New York：John Wiley，2001.

［7］ 王党伟，陈建国，吉祖稳. 不规则地形上浅水模拟平衡性的实现 ［J］. 计算力学学报，2012，29（4）：604-608.

［8］ 杨国录. 河流数学模型 ［M］. 北京：海洋出版社，1993.

［9］ 王党伟，邓安军，吉祖稳，等. 山区河道水流阻力系数的确定方法 ［C］//第二十一届海峡两岸水利科技交流研讨会，2017年10月，南昌，中国.

［10］ Julian C. Green Effect of macrophyte spatial variability on channel resistance ［J］. Advances in Water Resources，2006，29（3）：426-438.

［11］ 唐洪武，闫静，肖洋，等. 含植物河道曼宁阻力系数的研究 ［J］. 水利学报，2007，38（11）：1347-1353.

［12］ 佘伟伟，李艳红，喻国良. 含淹没植物的水流阻力试验研究 ［J］. 水利水电技术，2010，41（3）：24-28.

［13］ 徐江，王兆印. 阶梯-深潭的形成及作用机理 ［J］. 水利学报，2004，35 （10）：48 - 55.

［14］ Michael Chiari. Numerical modeling of bedload transport in torrents and mountain streams ［D］. University of natural resources and applied life sciences，Vienna.

［15］ 张瑞瑾. 河流泥沙运动力学 ［M］. 2 版. 北京：中国水利水电出版社，1998.

第四章

引水渠泥沙问题的解决方式

第一节 引水泥沙淤积预测

一、引水渠运行特性

山区河流水电站通过建坝拦蓄水流抬高水位，引水发电。对于引水含沙量较高、粗颗粒悬沙占比较大的河流，引水渠与沉沙池通常作为一个系统，避沙引水、沉沙过机，共同完成减少泥沙危害的作用。

以上马相迪 A 水电站为例。由于汛期马相迪河泥沙含量大，为避免含沙量大、粒径粗的泥沙进入引水渠，上马相迪 A 水电站采取侧向取水的布置方式，引水渠进水口布置在冲沙闸左岸上游。山区河流汛期除避沙引水外，还应对进入发电隧洞前水流中的泥沙进行沉淀，以减少对钢管和水轮机的磨损。上马相迪 A 水电站在沉沙池进口控制闸至暗涵进水闸之间，设置漏斗式沉沙池，如图 2-12 所示。汛期水流含沙量较高，打开引水渠右侧工作闸门，同时关闭左侧闸门，将水引入右侧沉沙池进水涵洞，经沉沙池分离后"清水"进入发电隧洞。枯水期水质较清，泥沙含量少，引水渠输水可不经沉沙池沉沙处理，直接进入发电隧洞。引水沉沙系统在各种工况下运行方式具体如下。

1. 汛期发电引水沉沙运行方式

汛期河流入库流量充沛，在满足过机泥沙处理的前提下，可引取满发流量发电运行，上马相迪水电站设计发电流量为 50m³/s。泥沙处理方式如下：

（1）汛期运行时，引水渠水中含沙量较高，需要通过沉沙池进行排沙处理。首先打开引水渠中部的沉沙池工作闸门，同时打开沉沙池排沙廊道的排沙闸门。接着关闭引水渠中部的引水渠工作闸门，将引水渠水流引至沉沙池，经沉沙池分离后，分离出的泥沙通过池内排沙底孔进入底部排沙廊道，通过排沙闸后，排入下游河道。"清水"经沉沙池水平悬板溢流进入引水渠，流至暗涵进水闸，后引入引水隧洞。

（2）汛期若排沙廊道出口处河道水位达到 890.48m（此时相应洪水频率约为 $P=20\%$），排沙廊道为完全淹没出流，排沙漏斗为非正常工作状态，为防止排沙廊道淤堵，暂停排沙漏斗运行。由于引水渠水中泥沙含量高，且洪水历时较短，电站机组停止运行。关闭沉沙池排沙廊道的排沙闸工作门，待排沙廊道出口处河道水位低于 890.48m 时，机组恢复运行，同时打开排沙闸工作门。

2. 枯水期引水发电运行方式

枯水期河流入库流量较小，通常达不到电站设计流量。枯水期电站发电运行则根据实际来流情况引水发电。

枯水期入库含沙量较小，不需要通过沉沙池进行排沙处理。首先打开引水渠中部的引水渠工作闸门，接着关闭引水渠中部的沉沙池工作闸门，同时关闭沉沙池排沙廊道的排沙闸门。将河道水流引至引水渠后，直接经引水渠引至暗涵进水闸，后进入发电隧洞。

综上所述，引水沉沙系统的最终目的是保证引水安全（保证能取上发电水量）和引水渠不淤积，通过沉沙系统后进入发电洞的水流含沙量及其级配满足发电要求，不会对发电机组产生磨损。

二、引水渠数学模型

（一）模型基本原理

通常采取避沙方式设置的引水口可拦截推移质，进入引入渠的泥沙主要为悬沙。引水渠数学模型为基于圣维南方程（de Saint - Venant system of e-quations）和非均匀沙不平衡输沙理论建立了一维水沙输移数学模型。数学模型基本方程如下。

（1）水流运动方程：

$$\frac{\partial H}{\partial x}+\frac{1}{2g}\frac{\partial U^2}{\partial x}+\frac{U^2}{C^2 R}=0 \qquad (4-1)$$

式中：x 为沿水流方向的距离；H 为水位；U 为断面平均流速；R 为水力半径；C 为谢才系数，且 $C=R^{1/6}/n$（n 为曼宁糙率系数）；g 为重力加速度。

（2）泥沙运动方程：

$$\frac{\partial h US}{\partial x}=-\alpha\omega(S-S^*) \qquad (4-2)$$

式中：h 为水深；S 为悬移质含沙量；S^* 为悬移质挟沙能力；ω 为泥沙颗粒沉降速度；α 为泥沙恢复饱和系数；其他变量同上。

（3）挟沙能力公式采用张瑞瑾公式：

$$S^* = k \left(\frac{U^3}{gR\omega} \right)^m \tag{4-3}$$

式中：k 和 m 为系数，取 $k = 0.274$、$m = 0.92$；其他变量同上。

（4）泥沙沉降速度公式采用斯托克斯（G. G. Stokes）球体沉速公式：

$$\omega = \frac{1}{18} \frac{\gamma_s - \gamma}{\gamma} g \frac{d^2}{\nu} \tag{4-4}$$

式中：γ_s 为泥沙的容重；γ 为水的容重；d 为泥沙的颗粒粒径；ν 为水流黏滞系数；其他变量同上。

（5）泥沙连续方程表达如下：

$$\gamma' \frac{\Delta A}{\Delta t} = \frac{Q_i(S_{i-1} - S_i)}{\Delta x_i} \tag{4-5}$$

式中：γ' 为淤积泥沙的干容重；ΔA 为断面泥沙淤积面积；Δt 为计算时间间隔；Q 为流量；Δx 为断面间距；其他变量同上。具体计算时，根据已知引水渠的水位—断面面积关系（Z—A 关系），通过计算的 ΔA 来确定淤积物床面高程。

（6）悬移质泥沙级配变化计算：

$$P_{i,j} = \frac{S_{i,j}}{S_i} \tag{4-6}$$

式中：$P_{i,j}$ 为第 i 断面上第 j 组悬沙粒径在全部悬移质泥沙中的占比，脚标 i 为断面编号，脚标 j 为非均匀悬移质粒径分组编号；其他变量同上。

（7）淤积物（床沙）级配变化计算：

$$R_{i,j} = \frac{(S_{i,j} - S_{i+1,j})}{(S_i - S_{i+1})} \tag{4-7}$$

式中：$R_{i,j}$ 为第 i 断面上第 j 组床沙粒径在全部床沙中的占比，其他变量同上。

以上各方程在具体求解时，通过给定进口的流量和含沙量条件，然后采用韩其为院士非均匀不平衡输沙计算公式对各分组沙、各断面逐一进行求解。对非均匀悬移质的各分组泥沙含沙量的计算如下：

$$S_{i+1} = S_{i+1}^* + (S_i - S_i^*) \sum_{j=1}^{L} P_{i,j} e^{-\frac{\alpha \omega_j \Delta x_i}{q_i}} + (S_i^* - S_{i+1}^*)$$

$$\sum_{j=1}^{L} P_{i+1,j} \frac{q_i}{\alpha \omega_j \Delta x_i} (1 - e^{-\frac{\alpha \omega_j \Delta x_i}{q_i}}) \tag{4-8}$$

式中：L 为粒径分组数；q 为单宽流量；其他变量同上。

（二）边界条件

引水渠计算渠段为进口断面高程 205.057m 处至出口断面高程 90.652m 处，引水渠范围布设 CS1、CS4、CS5、CS6 共 4 个断面监测引水渠渠底沿程淤积变化，如图 4-1 所示。为了计算泥沙在引水渠中的淤积分布和淤积量，根据引水渠布置形态，在断面变化处及测验断面处截取断面，沿程共布设 25 个断面，依次编号为 1～25。每相邻两个断面之间的间距不超过 6.5m。

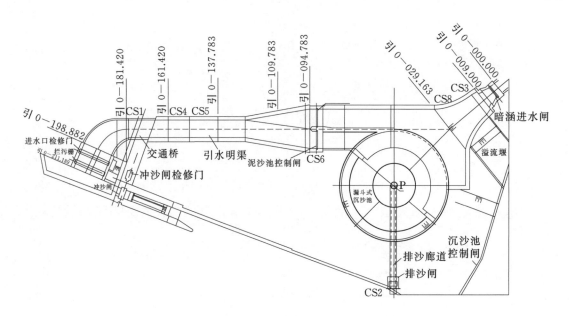

图 4-1　引水渠计算及测验断面布置图

根据不同研究方案需求，模型计算进口流量、含沙量过程及悬沙级配利用实测水沙过程或采用设计水沙条件。主要有以下几种情况：

（1）冲淤平衡计算：采用情景模式模拟计算的方式摸清引水渠淤积规律。进口流量采用恒定量，即引水流量为机组满发及沉沙池冲沙合计用水流量 $Q=55.6\text{m}^3/\text{s}$；进口含沙量也考虑恒定含沙量，并设置 6 个不同级别；悬沙级配采用库区冲淤平衡后坝址处原河流泥沙级配，即水电站设计所用悬沙级配。

（2）运用前景方案计算：在冲淤平衡计算情景模式的基础上，当引水渠淤积过多时，进口流量设计为 3 种不同流量级别的拉沙流量（5.6 m^3/s、10m^3/s 和 20m^3/s），模拟计算引水渠拉沙效率。

（3）典型年运用前景方案计算：根据库区典型年模型计算两组方案（分

别为上马相迪水库入库流量相同条件下，年输沙量为 994 万 t 的大沙年和年输沙量 701 万 t 中沙年）坝前日平均含沙量及级配资料，由第三章库区泥沙数学模型计算提供，库区模型计算输出的坝前 2 年日平均流量和含沙量过程作为引水渠进口逐日流量及含沙量过程。

引水渠以下连接排沙漏斗，引水渠与沉沙池连接处由闸门控制。根据沉沙池水工模型试验结果，沉沙池入口，即引水渠出口控制水位为 902.18m。在实际运行中，当入口含沙量较大时，引水渠将发生严重淤积，致使引水渠入口在水库控制水位要求下不能引入要求的流量时将停止发电，此时应降低引水渠出口控制水位敞泄对淤积泥沙进行拉沙清淤，为引水渠引取要求流量做准备。

（三）模型验证

上马相迪 A 水电站于 2017 年 3 月至 10 月底对库区及引水渠进行了连续的水文泥沙原型观测，包括实测引水渠进口日平均流量、日平均含沙量及代表日悬沙级配等，并在运行期间开展了 4 次渠底淤积分布测验。模型验证采取此期间的实测资料作为引水渠模型计算的水沙边界条件，对引水渠在观测期间的淤积状况进行模拟计算，并与观测淤积结果进行对比分析，率定模型参数，验证数学模型。

通过计算得到引水渠进出口沙量及冲淤量变化，见图 4-2。引水渠测验时段内共引入泥沙 34.75 万 t，进出口累积沙量变化差别微弱；汛前，进入引水渠的沙量较少，渠道基本未发生淤积；进入汛期后，随着引入沙量的增加，引水渠发生淤积，部分时段发生冲刷，总体冲淤量不大，7 月 31 日淤积量为 0.025 万 t，与当日实测淤积量 0.022 万 t 相差 13.6%，至 8 月 31 日淤积量达

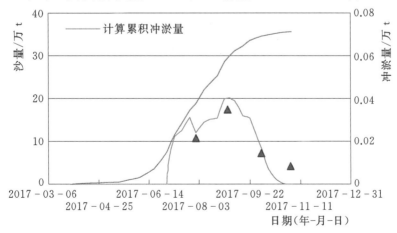

图 4-2　引水渠进出口沙量及冲淤量变化

到最大为 0.04 万 t，与实测最大淤积量 0.035 万 t 相差 14.3%，仅占当天累积引沙量的 0.13%；而后随着引水含沙量减小，淤积物受到持续冲刷，至观测时段末，淤积泥沙基本被冲刷。

引水渠沿程发生淤积，其中引水渠进口段和出口段由于渠道断面变化淤积较多，中间渠段淤积较为均匀。考虑到 CS6 断面位于渠道尾部，受引水渠工作闸门和沉沙池工作闸门影响较大，不对该断面进行淤积厚度验证。通过计算得到 CS1、CS4 和 CS5 断面冲淤变化过程及该实例数据对比如图 4-3 所示。

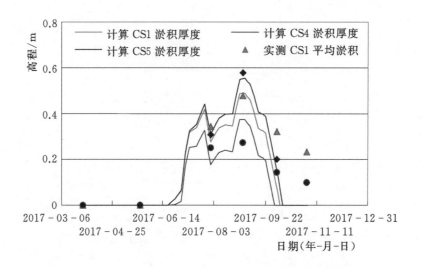

图 4-3 CS1、CS4 和 CS5 断面计算淤积与实测值的对比

由图 4-3 可知，CS1、CS4 和 CS5 断面淤积厚度随含沙量的增加而增加，符合一般渠道的冲淤规律，但与实测淤积厚度时间分布相比较，更为集中（集中在 6 月中旬至 10 月上旬）。其中，CS1 断面 7 月初至 8 月中旬有冲有淤，平均淤积厚度为 0.34m，与该断面 7 月 31 日实测平均淤积厚度相同；CS1 断面最大淤积发生在 8 月 31 日至 9 月 1 日，淤积厚度为 0.49m，与实测淤积厚度 0.48m 基本吻合。CS4 断面 7 月初至 8 月中旬有冲有淤，平均淤积厚度为 0.25m，与该断面 7 月 31 日实测平均淤积厚度相同；CS4 断面最大淤积发生在 8 月 28 日至 9 月 1 日，淤积厚度为 0.375m，高于实测淤积厚度 0.27m。CS5 断面 7 月 31 日淤积厚度为 0.31m，与该断面同日实测平均淤积厚度相同；CS5 断面最大淤积发生在 9 月 2 日，淤积厚度为 0.56m，略低于实测最大淤积厚度 0.58m。

由此可见，引水渠一维数学模型计算结果与实际观测数据的整体规律基本一致，该模型可以很好地用于上马相迪引水渠的冲淤及调度方案研究。

三、引水渠正常引水淤积临界条件

引水渠作为连接进水闸与沉沙池的通道，主要目的是输送水流。因引水渠渠底比降平缓，引水水流含沙量较大时，引水渠势必发生一定的淤积。引水渠淤积到一定程度后，引水断面缩小，引水流量减小，可导致引取的流量达不到发电要求流量。

因此，根据引水渠的渠道特性和引水渠的控制条件，本节重点研究不同进口水沙组合条件下，能够保证引水渠持续正常引水运行的临界水沙条件，以及引水渠可正常运行的临界淤积状态等。主要需要关注：①不同水沙条件时渠道达到平衡时所需时间、淤积量、淤积分布及其沿程含沙量和级配；②引水渠不能满足要求取水流量时的淤积状态及入渠水沙条件。

在水库实际来流量小于 $55.6 \text{m}^3/\text{s}$ 的非汛期，引水渠引入水流含沙量一般不大，引水渠淤积也较小，甚至发生冲刷，所以对较小流量可能引起引水渠淤积及其对引水流量的影响可以不用考虑。在实际来流大于 $55.6 \text{m}^3/\text{s}$ 的汛期，根据水电站运行调度要求，引水渠取水流量均为 $55.6 \text{m}^3/\text{s}$，不同水沙条件组合主要体现为进口含沙量的不同。

因此，引水渠淤积平衡计算研究的情景模式设定为进口恒定流挟带不同级别的恒定含沙量情况。根据马相迪河上游多年实际来流悬移质含沙量状况，也就是上马相迪水库冲淤平衡后坝前含沙量大小，引水渠入口含沙量分别设定为 0.5kg/m^3、1.5kg/m^3、3.0kg/m^3、6.0kg/m^3、12.0kg/m^3 和 27.3kg/m^3（最大日平均含沙量，2009 年 8 月 8 日）共六组不同进口水沙组合，分析引水渠淤积分布、出口含沙量及出口悬沙级配状况。

引沙悬移质级配采用库区冲淤平衡后的实际来流悬沙级配，即采用坝址处原河流悬沙级配，入渠悬沙中值粒径为 0.118mm。

（一）引水渠淤积规律

根据水电站运行条件，尽管引水渠水面非常平缓，当维持要求的取水流量时，引水渠的设计水深较为充足，为引水渠发生一定程度的淤积并保持淤积平衡提供了条件。也就是说，当引水含沙量较小时，引水渠渠道可以发生一定程度的泥沙淤积，使得进口流量、含沙量和渠道断面形态达到淤积平衡后，仍能保证引入流量和进口控制水位的要求；而当引水含沙量较大且悬沙粒径较粗时，引水渠渠道发生快速淤积，使得渠道淤满而在进口引水水位

902.25m 时，不能保证引入流量的要求。因此，引水渠可正常运行的临界条件为：①入渠含沙量较小，渠道始终可正常引水运行达到淤积平衡的时长及淤积状态；②入渠含沙量较大致使渠道淤积而达不到满发流量要求时的运行时长及淤积状态。

根据上述计算条件，经模型计算，不同进口含沙量条件下，引水渠渠道冲淤平衡时或即将达不到满发流量要求时，运行时长及渠底高程、淤积量及淤积比以及含沙量沿程变化，如图 4-4～图 4-7 所示；引水渠渠道冲淤平衡时或即将达不到满发流量要求时，各计算断面淤积厚度如表 4-1 所示，各断面淤积量如表 4-2 所示。不同引水恒定水沙条件下，引水渠淤积规律如下。

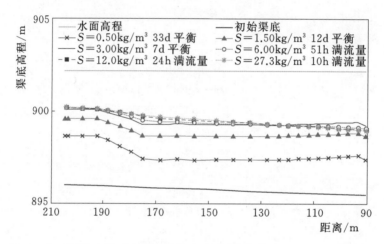

图 4-4　不同来流含沙量渠道冲淤平衡或满流量运行渠底高程

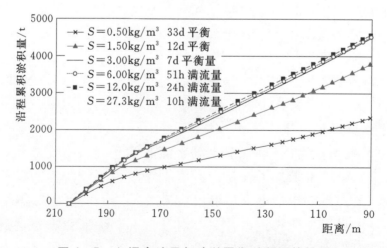

图 4-5　入渠含沙量与冲淤平衡淤积量的关系

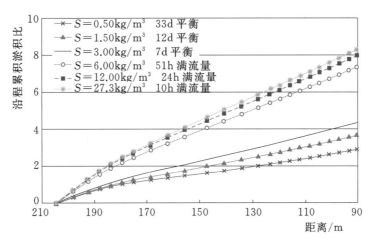

图 4-6 入渠含沙量与累积淤积比的关系

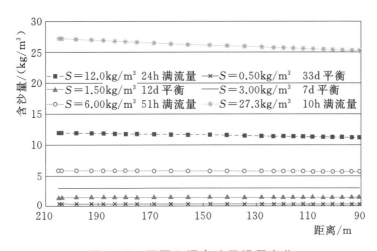

图 4-7 不同入渠含沙量沿程变化

表 4-1 不同来流含沙量引水渠沿程淤积厚度

断面编号	里程/m	水面高程/m	初始渠底/m	淤积平衡时淤积厚度/m			达不到满发流量时淤积厚度/m		
				进口含沙量/(kg/m³)			进口含沙量/(kg/m³)		
				0.5	1.5	3.0	6.0	12.0	27.3
1	205.057	902.181	896.000	2.65	3.59	4.08	4.16	4.21	4.21
2	204.057	902.181	896.000	2.65	3.59	4.08	4.16	4.21	4.21
3	198.404	902.18	896.000	2.65	3.59	4.08	4.14	4.18	4.18
4	192.75	902.18	896.000	2.65	3.59	4.08	4.11	4.14	4.12
5	188.385	902.18	895.978	2.46	3.44	3.95	4.03	4.07	4.06
6	184.019	902.18	895.956	2.17	3.23	3.79	3.91	3.99	4.00

断面编号	里程/m	水面高程/m	初始渠底/m	淤积平衡时淤积厚度/m			达不到满发流量时淤积厚度/m		
				进口含沙量/(kg/m³)			进口含沙量/(kg/m³)		
				0.5	1.5	3.0	6.0	12.0	27.3
7	179.654	902.18	895.935	1.89	3.02	3.62	3.78	3.89	3.94
8	175.288	902.181	895.913	1.50	2.74	3.38	3.61	3.78	3.86
9	168.834	902.18	895.880	1.47	2.73	3.40	3.56	3.73	3.83
10	162.379	902.18	895.848	1.57	2.81	3.46	3.59	3.73	3.80
11	155.925	902.18	895.816	1.55	2.80	3.45	3.59	3.72	3.77
12	147.525	902.181	895.774	1.61	2.85	3.51	3.59	3.70	3.74
13	141.07	902.181	895.742	1.64	2.88	3.53	3.59	3.68	3.71
14	134.616	902.181	895.709	1.67	2.91	3.56	3.59	3.67	3.68
15	128.161	902.181	895.677	1.70	2.93	3.59	3.59	3.65	3.65
16	123.652	902.181	895.655	1.72	2.96	3.61	3.59	3.63	3.62
17	119.902	902.181	895.636	1.77	3.00	3.65	3.60	3.63	3.61
18	116.152	902.181	895.617	1.83	3.04	3.69	3.61	3.62	3.59
19	112.402	902.18	895.598	1.87	3.08	3.72	3.62	3.62	3.58
20	108.652	902.18	895.580	1.93	3.13	3.76	3.63	3.61	3.56
21	104.902	902.181	895.561	1.98	3.17	3.80	3.64	3.60	3.55
22	101.152	902.18	895.542	2.03	3.21	3.84	3.65	3.59	3.53
23	97.402	902.181	895.523	2.08	3.25	3.87	3.65	3.58	3.51
24	93.652	902.18	895.505	2.12	3.28	3.91	3.65	3.57	3.50
25	90.652	902.18	895.505	1.90	3.12	3.75	3.59	3.53	3.46
淤积平衡或满流量运行时间				33d	12d	7d	51h	24h	10h

表 4-2　　　　　　　不同来流含沙量引水渠沿程累积淤积量

断面编号	里程/m	淤积平衡时淤积量/t			不满流量时淤积量/t		
		进口含沙量/(kg/m³)			进口含沙量/(kg/m³)		
		0.5	1.5	3.0	6.0	12.0	27.3
1	205.057	0	0	0	0	0	0
2	204.057	38	52	59	60	61	61
3	198.404	254	344	391	397	401	401
4	192.75	469	636	723	731	738	736

续表

断面编号	里程/m	淤积平衡时淤积量/t			不满流量时淤积量/t		
		进口含沙量/(kg/m³)			进口含沙量/(kg/m³)		
		0.5	1.5	3.0	6.0	12.0	27.3
5	188.385	617	843	961	974	983	981
6	184.019	737	1021	1169	1189	1202	1201
7	179.654	831	1171	1350	1377	1396	1396
8	175.288	897	1293	1500	1538	1564	1569
9	168.834	988	1462	1711	1759	1796	1806
10	162.379	1086	1636	1925	1981	2027	2041
11	155.925	1182	1810	2139	2203	2257	2275
12	147.525	1312	2040	2422	2493	2555	2576
13	141.07	1414	2218	2640	2715	2783	2806
14	134.616	1517	2398	2861	2938	3011	3034
15	128.161	1622	2580	3083	3161	3237	3260
16	123.652	1696	2708	3239	3316	3394	3417
17	119.902	1760	2816	3371	3447	3525	3548
18	116.152	1827	2927	3506	3579	3658	3679
19	112.402	1896	3041	3644	3713	3791	3811
20	108.652	1968	3158	3784	3848	3926	3944
21	104.902	2043	3277	3928	3985	4062	4078
22	101.152	2120	3399	4074	4124	4199	4212
23	97.402	2200	3524	4222	4264	4336	4347
24	93.652	2282	3652	4374	4406	4475	4483
25	90.652	2339	3745	4486	4514	4581	4587
运行时间		33d	12d	7d	51h	24h	10h

1. 引水渠沿程淤积分布

不同入渠水沙组合条件下，引水渠冲淤平衡或即将达不到满发流量要求时渠道沿程淤积厚度如图 4-4 及表 4-1 所示。由图表可见，因引水渠进口和出口断面较宽，水流流速减缓，泥沙易于落淤。引水渠沿程淤积分布表现为进口段和出口段淤积较多、淤积比较大，中间过流段淤积较少、淤积比较小等特点。当引水渠进口含沙量为 0.5kg/m³、1.5kg/m³ 和 3.0kg/m³ 时，引水渠达到淤积平衡运行时长分别为 33d、12d 和 7d，最大淤积厚度均位于渠道进口断面，平均淤厚分别为 2.65m、3.59m 和 4.08m。当引水渠进口含沙量为 6.0kg/m³、12.0kg/m³ 和 27.3kg/m³ 时，运行时长分别为 51h、24h 和 10h，渠道进口最大淤积厚度分别为 4.16m、4.21m 和 4.21m，此时，渠道因淤积过高，引水流量已达不到发电流量要求。

2. 引水渠累积淤积量及淤积比

不同进口含沙量条件下，引水渠渠道冲淤平衡或即将达不到满发流量要求时，渠道沿程累积淤积量见图 4-5 及表 4-2，沿程累积淤积比见图 4-6。由图表可知，当引水渠进口含沙量为 0.5kg/m³、1.5kg/m³ 和 3.0kg/m³ 时，引水渠达到淤积平衡时，沿程累积淤积量分别为 2339t、3745t 和 4486t；沿程累积淤积百分比分别为 2.93%、4.38% 和 7.37%。当引水渠进口含沙量为 6.0kg/m³、12.0kg/m³ 和 27.3kg/m³ 时，当引水渠淤积使之不能按要求流量引水时，沿程累积淤积量分别为 4514t、4581t 和 4587t；沿程累积淤积比为 8.0%~8.3%。

3. 引水渠进出口含沙量变化

不同进口含沙量，引水渠沿程累积淤积量随时间的变化过程见图 4-7。进口含沙量不大于 3.0kg/m³ 时，引水渠在现有设计条件下能够达到冲淤平衡，达到冲淤平衡后引水渠不再持续淤积，因此沿程含沙量变化不大；而进口含沙量大于 3.0kg/m³ 时，引水渠持续淤积直至不能引取要求设计流量时，沿程含沙量呈现明显减小现象，入渠含沙量越大，沿程减小现象越明显。

（二）引水渠正常运行的临界条件

由上节计算结果及引水渠淤积规律分析可知，引水渠进口流量恒定为 55.6m³/s 时，设定的 6 组含沙量组合中，当进口含沙量分别为 0.5kg/m³、1.5kg/m³、3.0kg/m³ 时，在渠道进口水位保持水库正常蓄水位 902.25m 时，分别运行 33d、12d 和 7d，引水渠达到冲淤平衡，最大淤积位于渠道进口断面，其中，入渠含沙量为 3.0kg/m³ 淤积厚度最大（4.08m）、淤积量也最大（4486t），但仍能够满足引入设计流量的要求；而当进口含沙量分别为 6.0kg/m³、12.0kg/m³ 和 27.3kg/m³ 时，渠道淤积过厚过快，分别运行 51h、24h 和 10h 后，渠道进口最大淤积厚度达到 4.16m，淤积量超过 4514t，致使引水渠在进口控制水位为 902.25m 时，引入流量达不到发电要求流量。根据上述分析可知，引水渠可正常引水的淤积临界条件为：进口淤积厚度约为 4.2m，渠道淤积量约 0.45 万 t。由此可以推算，引水流量恒定为满发流量，入渠含沙量为 3.0~6.0kg/m³，是引水渠可正常引水的临界含沙量。

为了进一步确定临界含沙量具体数值，增加入渠含沙量 2.5kg/m³ 和 3.5kg/m³ 两组入渠恒定水沙组合进行对比计算，计算结果如图 4-8 所示。由图 4-8 可见，当入渠含沙量为 2.5kg/m³ 时，引水渠运行 7.5d 可达到冲淤平衡，此时淤积尚未达到引水渠淤积临界值，引水渠可按要求引入设计发电流量；而当入渠含沙量为 3.5kg/m³ 时，引水渠运行 4.5d 后淤积已超过引水渠淤积临界值，不能引取要求的设计发电流量。据此可推算临界含沙量约为 3.0kg/m³。

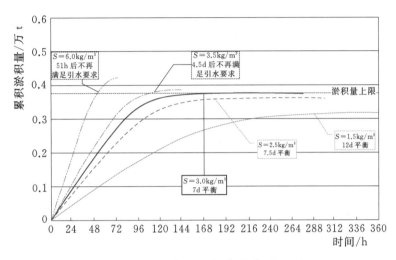

图 4-8　渠道冲淤平衡临界含沙量对比

按照临界含沙量为 3.0kg/m³ 计算引水渠进口淤积厚度及淤积量随时间的变化过程，如图 4-9 所示。由图 4-9 可见，引水渠引入恒定设计发电流量及恒定含沙量 3.0kg/m³，淤积平衡前，淤积量及淤积厚度随运行时间增加，至淤积平衡时达到的淤积程度与引水渠淤积临界值基本吻合，淤积平衡后引水渠淤积量及淤积厚度稳定在不高于临界值。

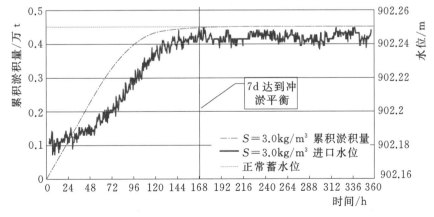

图 4-9　渠道冲淤平衡临界含沙量 3.0kg/m³ 确定

以上分析可确定引水渠正常引水的入渠临界含沙量为 3.0kg/m³，即当引水含沙量小于 3.0kg/m³ 时，引水渠内泥沙淤积达到平衡时，不会对设计引水流量产生较大影响，可不处理渠道淤积；当引水含沙量大于 3.0kg/m³ 时，引水渠内将持续发生泥沙淤积，一定时间后泥沙淤积将对设计引水流量产生较大影响，应时刻关注泥沙淤积发展状态，必要时需对引水渠内的淤积泥沙进行清淤或采取适当的排沙措施。

综上所述，引水渠满足正常引水流量要求的临界条件为：引水含沙量不大于 3.0kg/m³；渠道满足正常引水需求的临界淤积厚度约为 4.2m，沿程累积淤积量为 0.45 万 t。这些条件可以为电站正常引水提供指引，避免出现引水流量不足而导致不能满发或者停机。

第二节　引水渠拉沙方案制订

一、入渠水沙条件对拉沙模式的影响

(一) 引水渠拉沙原则及方案设计

由引水渠可正常引水的淤积临界条件分析可知，当引水含沙量较高时，引水渠淤积较快，渠底高程迅速抬高，致使水库正常蓄水位运用时不能满足引水流量的要求，甚至淤堵引水渠口门。同时，在含沙量较高的汛期，水流通常携带较粗粒径的泥沙，将增加粗沙进入发电机组的风险。因此，在引入含沙量较高的水流时，为确保电站的取水防沙及安全运行，应设计引水渠拉沙减淤运行方案。

引水渠正常引水运用流量为 55.6m³/s，其中 50m³/s 为发电流量，5.6m³/s 为冲沙流量。在含沙量较高的汛期，应考虑不定期关闭发电机组，降低引水渠出口水位，利用汛期加大冲沙流量，对引水渠进行拉沙清淤或减淤调控。汛期采取拉沙清淤与取水发电交错进行的运用方式，既可以避免粗颗粒泥沙进入发电机组，又成功利用引水水流冲沙，实现水力清淤和降低过机含沙量的目的，为正常引水发电打下基础，提高电站的综合效益。

引水渠拉沙调控总体思路为，在保证引水渠进口水位不超过正常蓄水位 902.25m 的基础上，当渠道入口不能引取要求的发电流量时，关闭发电洞及发电机组，停止发电，仅引取冲刷流量，同时最大可能降低引水渠出口控制水位，利用冲沙流量集中拉沙。

为了研究引水渠集中拉沙规律，依旧采用引水流量和引水含沙量为恒定的情景模式设定排沙方案。即，情景模式方案以入渠流量恒定为设计引水流量 55.6m³/s，入渠含沙量恒定分别为 3.0kg/m³、6.0kg/m³ 和 12.0kg/m³；当渠道淤积使得引水渠不能继续引取发电流量时，关闭发电机组，仅引取 5.6m³/s、10.0m³/s 和 20.0m³/s 的拉沙流量同时尽可能降低引水渠出口水位进行拉沙运行，排出的高含沙水流由排沙漏斗排出，设计运行时长为 15d。不同拉沙方案及工况情景模式共 9 种组合，见表 4-3。

表 4-3　　　　　　　　　引水渠拉沙方案设计

设计方案		引水含沙量 /(kg/m³)	流量/(m³/s)			
			引水	拉 沙		
				工况 1	工况 2	工况 3
情景模式（入渠水沙恒定模式）	方案一	3.0	55.6	5.6	10.0	20.0
	方案二	6.0	55.6	5.6	10.0	20.0
	方案三	12.0	55.6	5.6	10.0	20.0

通过对设计方案的模型计算，明确拉沙运行的时间、发电运用与拉沙运用的时间比、拉沙减淤效果等。

（二）引水渠拉沙模式及拉沙效果敏感性分析

按照引水渠实施排沙措施的原则，为了体现不同方案及工况组合运行模式拉沙效果的规律性，设置情景模式：以引水渠淤积临界含沙量 3.0kg/m³（方案一）不同工况为例，详细说明不同拉沙流量对引水渠运行模式的影响；以设计拉沙流量 5.6m³/s（工况 1）不同方案为例，详细说明不同入渠含沙量对引水渠运行模式的影响；通过综合分析所有方案及工况组合运行模式，给出不同入渠含沙量和不同拉沙流量对拉沙效果的响应。

1. 不同拉沙流量对引水渠运行方式的影响——以方案一为例

当引水渠入渠含沙量为 3.0kg/m³ 时，在正常发电运用 168h 后（7d），渠道累积淤积 0.45 万 t，进口断面渠道淤积厚度接近 4.2m，引水渠淤积接近临界状态，此时若入渠含沙量稍微有所增加，引水渠将因淤积量过大、引水能力降低而不能引入要求流量。为确保电站的取水防沙及安全运行，引水渠淤积达到临界状态时需实施拉沙调控，即关闭发电机组，引水渠出口敞泄，引取拉沙流量冲刷前期淤积物。当引水渠引入拉沙流量分别为 5.6m³/s、10.0m³/s 和 20.0m³/s 时，拉沙效果分析如下：

（1）拉沙时长及频率。当引水渠引入拉沙流量分别为 5.6m³/s、10.0m³/s 和 20.0m³/s 时，冲淤量变化过程见图 4-10。在 15d 的计算时段内，引水渠

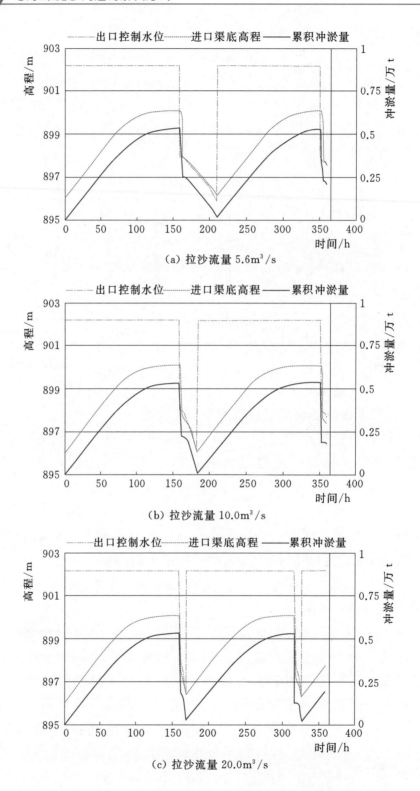

（a）拉沙流量 5.6m³/s

（b）拉沙流量 10.0m³/s

（c）拉沙流量 20.0m³/s

图 4－10　不同拉沙流量下引水渠冲淤量变化过程

在正常发电运用 7d 后，需要拉沙运行。当拉沙流量分别为 $5.6\text{m}^3/\text{s}$、$10.0\text{m}^3/\text{s}$ 和 $20.0\text{m}^3/\text{s}$ 时，引水渠单次拉沙运行时间分别为 51.5h、25.5h 和 10.5h，回淤时长（拉沙后可正常发电运行时长）分别为 147h、167h 和 140.5h。拉沙时长与拉沙的流量成反比，拉沙流量越大，用于冲刷前期淤积物所需的拉沙时间越短，拉沙后渠道正常发电运行的时间越长。

（2）冲淤厚度及冲淤量。渠道淤积达到临界淤积状态后，不同拉沙流量下渠道进口断面渠底高程变化及累积冲淤量变化也在图 4-10 中表现。不同拉沙流量，单次拉沙调控，对进口断面淤积高度和渠道累积冲淤量恢复的规律较为接近。拉沙流量分别为 $5.6\text{m}^3/\text{s}$、$10.0\text{m}^3/\text{s}$ 和 $20.0\text{m}^3/\text{s}$ 时，进口断面淤积高度基本均由拉沙调控前约 900.1m，恢复至约 896.16m，使 4.1m 的淤积厚度恢复至 0.16m；渠道累积淤积量由拉沙调控前的 0.535 万 t，减小至 0.015 万 t，单次拉沙调控冲刷泥沙量 0.52 万 t。

（3）冲淤纵剖面变化。引水渠尚未达到临界淤积状态的正常引水运行阶段，渠道沿程淤积为近似平行抬升的过程；而达到临界淤积状态后的拉沙运行阶段，渠道沿程淤积变化表现为溯源冲刷和沿程冲刷相结合的快速冲刷过程。拉沙运行阶段，受渠道出口水位降低影响，引水渠拉沙运行开始阶段对渠底淤积物进行溯源冲刷，且冲刷幅度较大，向上游冲刷发展较快；而后继续拉沙运行阶段引水渠全渠段冲刷，但冲刷幅度明显减弱，如图 4-11 所示。拉沙流量为 $5.6\text{m}^3/\text{s}$、$10.0\text{m}^3/\text{s}$ 和 $20.0\text{m}^3/\text{s}$ 时，完成全河段溯源冲刷分别需要 4h、3h 和 2h，拉沙流量越大，全渠段完成溯源冲刷时间越短。

（4）输出含沙量及悬沙级配。引水渠正常供水发电运行期间，渠道出口断面含沙量略有减小，各级悬沙淤积，粒径越粗淤积比越大，进入沉沙池粗颗粒（大于 0.25mm）悬沙比例约为 26%，小于进口粗悬沙比例 31%；当引水渠拉沙运行时，渠道冲刷，出口断面含沙量明显增大，例如，拉沙流量 $5.6\text{m}^3/\text{s}$ 第二次拉沙运行时 ［见图 4-12 (a)］，最大含沙量达 $85.3\text{kg}/\text{m}^3$；同时，各级悬沙累积淤积比迅速减少，恢复至接近 0，如图 4-12 所示。由于引水渠淤积泥沙来源于引入的悬沙，淤沙最粗粒径不大于悬沙最粗粒径。引水渠拉沙减淤运用时段内，排出的含沙量较大、粗沙占比较高的浑水将直接由排沙漏斗全部排出，不参与正常引水发电时期进入发电洞的流量过程，不涉及粗沙过机问题；同时，引水渠拉沙冲起的粗颗粒悬沙粒径不会较入渠悬沙粒径更粗，对正常引水运用时期沉沙池沉积粗沙的效率也没有影响。

由以上分析可知，拉沙流量对单次拉沙效率的影响较大，拉沙流量越大，拉沙效率越高。

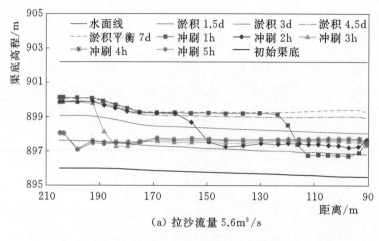

(a) 拉沙流量 5.6m³/s

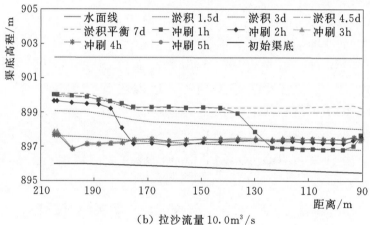

(b) 拉沙流量 10.0m³/s

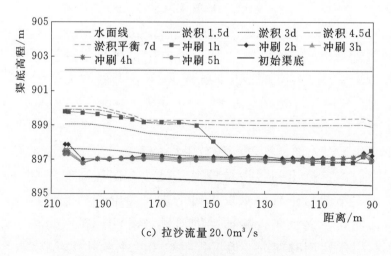

(c) 拉沙流量 20.0m³/s

图 4-11　不同拉沙流量冲淤纵剖面变化

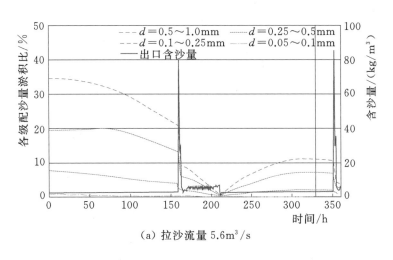

（a）拉沙流量 5.6m³/s

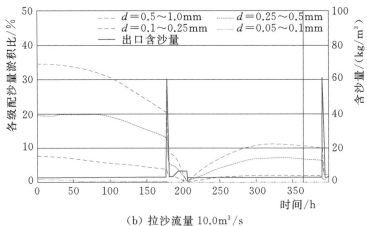

（b）拉沙流量 10.0m³/s

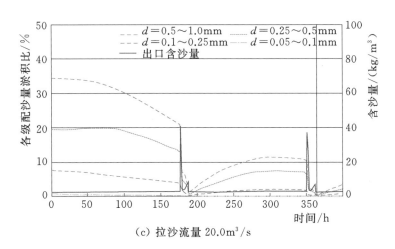

（c）拉沙流量 20.0m³/s

图 4－12　不同拉沙流量引水渠输出悬沙粒径淤积比及含沙量变化

2. 不同入渠含沙量对引水渠运行方式的影响——以工况 1 为例

为分析不同入渠含沙量对引水渠运行方式的影响,设定恒定拉沙流量、不同入渠含沙量组合进行分析。选择入渠恒定设计拉沙流量 5.6m³/s(工况1),不同方案,入渠含沙量分别为 3.0kg/m³、6.0kg/m³ 和 12.0kg/m³ 进行对比,拉沙效果分析如下:

(1)拉沙时长及频率。拉沙流量恒定为 5.6m³/s,随着入渠含沙量的增加,引水渠淤积频率和拉沙周期增加,如图 4-13 所示。当入渠含沙量恒定为 3.0kg/m³ 时,引水渠运行单次拉沙时间为 51.5h,回淤时长(拉沙后可正常发电运行时长)为 147h,如图 4-13(a)所示;当入渠含沙量恒定为 6.0kg/m³ 时,引水渠因淤积过大而实施调控共 4 次,单次拉沙时长为 28~38.5h,单次回淤时长为 49.5~50.5h,如图 4-13(b)所示;当入渠含沙量保持 12.0kg/m³,引水渠共实施调控 11 次,如图 4-13(c)所示,单次拉沙时长为 7.5~27.5h,单次回淤时长为 18.5~20.5h,其中,因入渠含沙量大、淤积迅速,第一次拉沙后回淤很快,使得正常运行期(回淤时间)甚至小于拉沙用时。引水发电和拉沙运行过于频繁转换,不利于水电站正常调度,甚至降低了运行效率,此类状况不易进行发电运行,可完全实施拉沙调度或关闭引水渠,避免引水渠进一步淤积。

(2)冲淤厚度及冲淤量。拉沙流量为 5.6m³/s,由于入渠含沙量越大引水渠淤积越强烈,拉沙运行后泥沙回淤也较快,单次拉沙冲刷泥沙量相对有所减弱。当入渠含沙量为 3.0kg/m³ 时,进口断面淤积高度由拉沙调控前约 900.1m,恢复至约 896.16m,冲刷淤积厚度 3.94m;淤积量由拉沙调控前的 0.535 万 t,减小至 0.015 万 t,冲刷量 0.52 万 t,如图 4-13(a)所示。当入渠含沙量为 6.0kg/m³ 时,进口断面淤积高度由拉沙调控前约 900.3m,恢复至约 896.4m,冲刷淤积厚度 3.9m;淤积量由拉沙调控前的 0.52 万 t,减少至 0.03 万 t,冲刷量 0.49 万 t,如图 4-13(b)所示。入渠含沙量为 12.0kg/m³ 时,进口断面淤积高度由拉沙调控前约 900.6m,恢复至约 896.8m,冲刷淤积厚度 3.8m;淤积量由拉沙调控前的 0.51 万 t,冲刷至 0.05 万 t,冲刷量 0.46 万 t,如图 4-13(c)所示。

(3)冲淤纵剖面变化。拉沙流量 5.6m³/s,不同入渠含沙量时,拉沙前几个小时发生溯源冲刷,冲刷幅度较大,此后转为全渠段沿程冲刷,冲刷幅度明显减弱;此外,与入渠含沙量越大淤积越快相对应,浑水水流淤积泥沙与对淤积物的冲刷相抵消,使得冲刷幅度随入渠含沙量增大而呈略有减小的趋势,如图 4-14 所示。当入渠含沙量分别为 3.0kg/m³、6.0kg/m³ 和 12.0kg/m³

时，各方案均在拉沙开始时的前 4～5h 基本完成全河段溯源冲刷；溯源冲刷全渠段平均冲刷厚度分别为 1.84m、1.16m 和 1.09m。

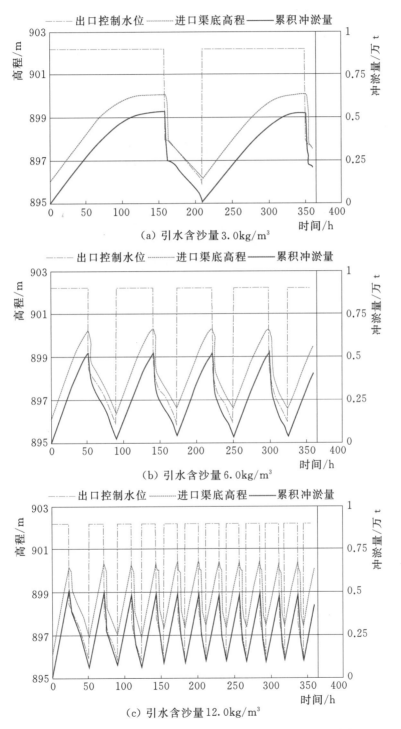

(a) 引水含沙量 3.0kg/m³

(b) 引水含沙量 6.0kg/m³

(c) 引水含沙量 12.0kg/m³

图 4-13　不同入渠含沙量引水渠拉沙运行及冲淤变化

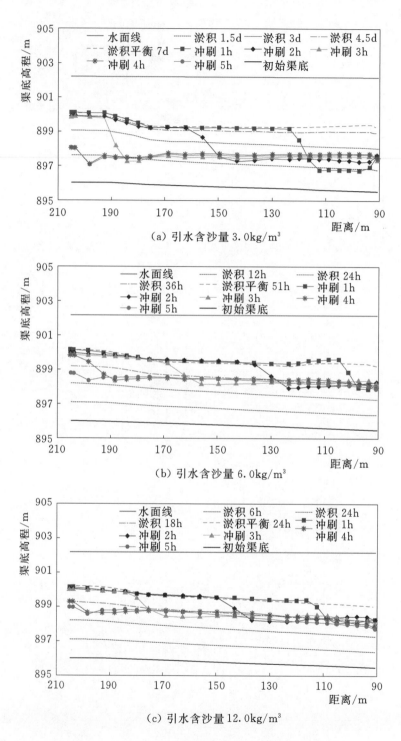

(a) 引水含沙量 3.0kg/m³

(b) 引水含沙量 6.0kg/m³

(c) 引水含沙量 12.0kg/m³

图 4-14 不同入渠含沙量引水渠冲淤纵剖面变化

（4）出口断面含沙量及悬沙级配。相同拉沙流量，不同入渠含沙量运行时，引水渠输出含沙量及悬沙级配变化如图4-15所示。由图4-15可知，引

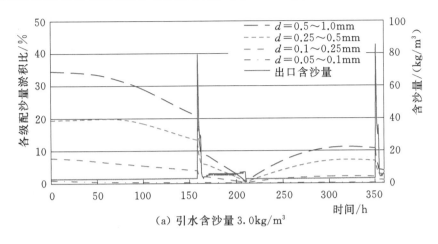

（a）引水含沙量3.0kg/m³

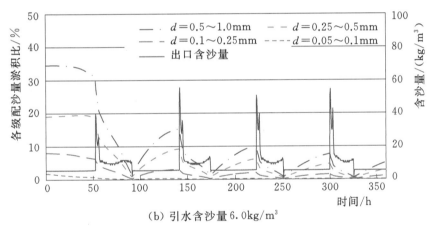

（b）引水含沙量6.0kg/m³

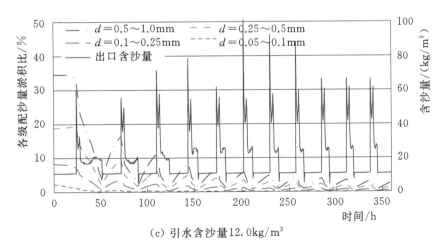

（c）引水含沙量12.0kg/m³

图4-15　不同入渠含沙量引水渠输出悬沙粒径淤积比及含沙量变化

水渠正常供水运行期间，输出含沙量较为稳定，与入渠含沙量变化不大；引水渠拉沙运行期间，出口断面含沙量明显增大。例如，当入渠含沙量为 12.0kg/m³时，15 天内共 11 次拉沙运行，每次拉沙期间的最大含沙量基本在 60.0kg/m³以上，最大含沙量达到 101.0kg/m³，是入渠含沙量的 8.4 倍。此外，由引水渠出口断面各级悬沙淤积比可知，引水渠正常供水运用期间，各级悬沙淤积，粒径越粗淤积比越大；引水渠拉沙运用，出口断面各级悬沙淤积比迅速减少，各级悬沙淤积比均恢复至接近 0。此外，由于引水渠排出的淤积泥沙来源于引入的悬沙，排出的粗颗粒悬沙粒径不会较入渠悬沙粒径更粗，且拉沙水流将直接通过排沙漏斗全部排出。也就是说，拉沙调度排出的含沙量较高、粗沙组成较高的悬沙水流，不参与发电引水，也不影响正常引水运用时期沉沙池沉积粗沙的效率。

由以上分析可知，因入渠含沙量大小直接影响渠道淤积速度及程度，入渠含沙量对拉沙频率的影响非常大。入渠含沙量越大，淤积越快导致渠道不得不频繁拉沙。过快的拉沙频率导致电站开、停过于频繁，不利于水电站发电运行。

3. 集中冲刷时段拉沙运行效果分析

由上述两组不同入渠含沙量和不同拉沙流量运行模式下，引水渠拉沙产生的冲淤变化过程及规律可知，引水渠拉沙运行的前几个小时，前期淤积被迅速冲刷，渠道淤积量和进口渠底高程直线下降、渠底发生溯源冲刷且冲刷幅度较大、渠道出口断面含沙量陡然增加等现象；在其后的拉沙时段内，淤积物冲刷速度显著减缓、渠道沿程冲刷幅度较小、出口断面含沙量增加幅度趋缓等状态。引水渠拉沙运行冲刷规律说明，在引水渠拉沙运行开始后的前几个小时拉沙效率明显高于其后时段，是高效拉沙运行时段。为了分析高效拉沙运行时段的拉沙效果及仅在高效运行时段进行拉沙调度的可行性，定义引水渠拉沙运行开始的前几个小时为引水渠拉沙运行的集中冲刷时段。以下通过分析不同入渠含沙量条件下，第一个拉沙时段的拉沙效率，认识集中冲刷时段冲沙规律；进而计算研究仅在集中冲刷时段进行拉沙调度的效果及可行性。

（1）集中冲刷时段拉沙效率分析。进口含沙量保持 3kg/m³，不同拉沙流量冲刷量过程如图 4-16 所示。由图可见，不同拉沙流量集中冲刷时段为拉沙运行开始后的 4h。拉沙流量分别为 5.6m³/s、10.0m³/s 和 20.0m³/s 时，单位时段冲沙量分别为 710t/h、795t/h 和 902t/h。

进口含沙量保持在 6.0kg/m³时，不同拉沙流量冲刷量过程如图 4-17 所

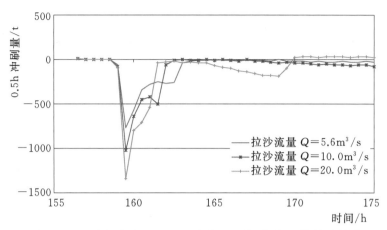

图 4－16 引水含沙量 3.0kg/m³ 不同拉沙流量的拉沙效率

示。由图可见，不同拉沙流量集中冲刷时段为拉沙运行开始后的 5h。拉沙流量分别为 5.6m³/s、10.0m³/s 和 20.0m³/s 时，单位时段冲沙量分别为 366t/h、494t/h 和 886t/h。

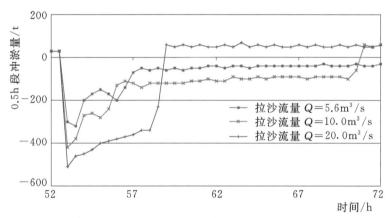

图 4－17 引水含沙量 6.0kg/m³ 不同拉沙流量的冲刷效率

进口含沙量保持 12.0kg/m³，不同拉沙流量冲刷量过程如图 4－18 所示。由图可见，不同拉沙流量集中冲刷时段为拉沙运行开始后的 5h。拉沙流量分别为 5.6m³/s、10.0m³/s 和 20.0m³/s 时，单位时段冲沙量分别为 320t/h、484t/h 和 872t/h。

（2）集中冲刷时段拉沙运行可行性分析。由不同入渠含沙量和不同拉沙流量组合模式集中冲刷时段拉沙效率分析可知，集中冲刷时段拉沙效率较高，尤其是入渠含沙量越小、拉沙流量越大，相应拉沙效率越高。为了分析拉沙运行仅集中在集中冲刷时段的拉沙效果及调度运行的可行性，以进口含沙量保持 3.0kg/m³ 和 6.0kg/m³，集中拉沙流量为 5.6m³/s 为例计算分析拉沙减

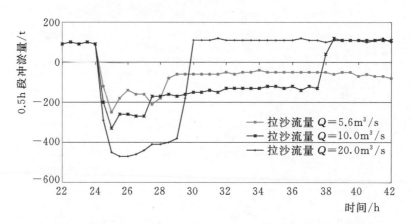

图 4–18　引水含沙量 12kg/m³ 不同拉沙流量的冲刷效率

淤效果和拉沙实施的频率。

　　进口含沙量保持 3kg/m³，拉沙流量为 5.6m³/s，仅在集中冲刷时段拉沙运行过程如图 4–19 所示。由图可知，该运行条件下，15d 的计算时段内共需实施 3 次拉沙，单次拉沙效率较高，平均冲刷泥沙量为 658t/h；但每个调控周期拉沙清除的淤积物不够彻底，尚余淤积物 0.25 万 t 左右，占引水渠可淤积总量的 46%，并计入下一正常引水周期已有淤积量，致使正常发电运行可回淤的泥沙量减少，正常引水时长缩短，拉沙频率增加。

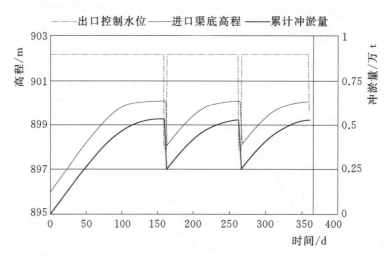

图 4–19　引水含沙量 3kg/m³ 集中冲刷时段拉沙运行渠道冲淤变化

　　进口含沙量为 6.0kg/m³，拉沙流量为 5.6m³/s，仅在集中冲刷时段（调控 5h）拉沙运行过程如图 4–20 所示。经统计，15d 计算时段内共实施了 22 次拉沙，单次拉沙效率约为 136t/h；回淤频率增加，回淤时长由 20.5h 减小至 7.5h。冲沙和发电运行转换频率较为频繁，不利于机组运行。

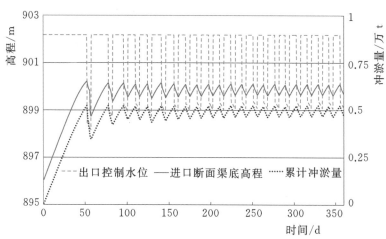

图 4-20 引水含沙量 6kg/m³ 集中冲刷时段拉沙运行渠道冲淤变化

由于入渠含沙量越大，渠道淤积越快，对比图 4-19 和图 4-20 可推断，进口含沙量为 12.0kg/m³、拉沙流量为 5.6m³/s、仅在集中冲刷时段拉沙运行时，冲沙和发电运行转换频率将更为频繁，此状况下不适合正常发电运行，应停止发电，引水渠敞泄拉沙运行或关闭引水渠引水，避免引水渠进一步淤积，在此不做具体分析。

因此对于入渠含沙量较大（大于 3.0kg/m³），由于引水渠在集中冲沙时段调控并不能明显提高冲沙效率；而且，冲沙和发电运行转换频率过于频繁。因此，拉沙调度仅控制在集中冲刷时段的运行方案，仅适用于入渠含沙量较小方案（不大于 3.0kg/m³）。

4. 各方案拉沙效率综合分析

为了对比分析各方案不同工况下的拉沙效果，结合表 4-3 方案及工况设计，根据集中拉沙时段设计及分析，将入渠含沙量 3.0kg/m³ 和 6.0kg/m³、拉沙流量 5.6m³/s 分别在集中拉沙 4h 和 5h 作为工况 4，综合不同进口水沙条件下，引水渠正常供水及集中拉沙调控运行效果见表 4-4。

表 4-4　　　　　　　引水渠正常供水及集中拉沙调控运行效果

方案入渠含沙量 /(kg/m³)	工况	拉沙流量 /(m³/s)	拉沙频次 /次	拉沙时长 /h	发电时长 /h	发电与拉沙时长比	单次冲沙量 /t	单位时段冲沙效率 /(t/h)
方案一 3.0	工况 1	5.6	2	51.5	147	2.9	0.52	138
	工况 2	10.0	2	25.5	167	6.6	0.52	253
	工况 3	20.0	2	10.5	140.5	13.4	0.52	479
	工况 4	5.6	3	4.0	93~100	23~25	0.51	658

续表

方案入渠含沙量/(kg/m³)	工况	拉沙流量/(m³/s)	拉沙频次/次	拉沙时长/h	发电时长/h	发电与拉沙时长比	单次冲沙量/t	单位时段冲沙效率/(t/h)
方案二 6.0	工况1	5.6	4	28～38.5	49.5～50.5	1.3～1.8	0.49	155
	工况2	10.0	6	8.0～17.5	47.5～55.0	3.1～5.9	0.49	417
	工况3	20.0	6	4.0～6.0	47.0～50.0	8.3～11.8	0.49	995
	工况4	5.6	22	5.0	7.5～20.5	1.5～4.1	0.31	136
方案三 12.0	工况1	5.6	11	7.5～27.5	18.5～20.5	0.75～2.5	0.46	339
	工况2	10.0	15	1.5～13.5	6.5～21.5	1.6～4.3	0.46	713
	工况3	20.0	16	1.0～5.0	10.0～21.0	4.2～10.0	0.46	1531

由表4-4可见，同一来流含沙量条件下，拉沙流量越大，拉沙效果越好，引水渠供水发电时长与集中拉沙时长比越大，拉沙效率越高。其中，当来流含沙量小于或低于引水渠冲淤平衡临界含沙量时，随着引水渠正常供水运用期间淤积量持续不断增加，通常在拉沙运行的前4h之内，拉沙效率最佳。以方案一工况4入渠含沙量3.0kg/m³，拉沙流量5.6m³/s为例，引水渠供水发电时长是集中拉沙时长的23～25倍，同时拉沙效率达到每小时658t，较方案一工况1提高了4.8倍。

综合来说，引水渠拉沙调度拉沙流量越大，拉沙效果越好；但从电站运行实际操作角度，入渠含沙量大于12.0kg/m³时，若需正常供水发电，会出现拉沙与转换频繁，此时引水渠不宜应全时段采取拉沙调度；入渠含沙量不长时间大于3.0kg/m³时，采取集中冲刷时段（拉沙运行前4h）拉沙调度方案，引水渠排沙减淤效果最佳。

二、典型年排沙方案比选

（一）典型年水沙特性

典型年方案选取连续运行两年设计，引水渠进口水沙条件来源于库区模型计算的两组方案，分别为上马相迪水库入库流量相同条件下，年输沙量994万t（大沙年）和年输沙量701万t（中沙年）。当入库流量大于引水渠设计流量时，引水渠按设计流量引水，当入库流量小于引水渠设计流量时，引水渠进口流量为实际流量。根据库区泥沙数学模型提供的水库连续运行2年坝前日平均流量、含沙量及其级配资料，引水渠进口逐日流量及含沙量过程如图4-21所示，图中日期以每年汛期6月开始。

大沙年和中沙年系列入库流量系列相同，前122天和第366～487天（6—9月）为汛期，汛期库区日平均来流量均大于引水渠设计发电流量，引水按设计流量55.6m³/s引取，非汛期日平均流量为40.38m³/s。

大沙年第一年和第二年汛期日平均含沙量分别为3.84kg/m³和4.1kg/m³，最大含沙量达10.379kg/m³，大于3kg/m³的含沙量的天数达145d；非汛期日平均含沙量均为0.590kg/m³。

中沙年第一年和第二年汛期日平均含沙量分别为2.67kg/m³和2.89kg/m³，最大含沙量为7.327kg/m³，大于3kg/m³的含沙量的天数为91d；非汛期日平均含沙量分别为0.383kg/m³和0.376kg/m³。

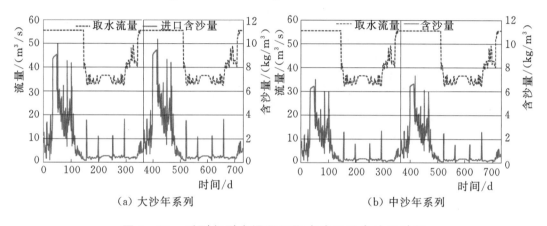

图4-21 系列年引水渠逐日取水流量及含沙量过程

水库运行前2年期间，根据库区模型计算输出的坝前2年汛期、非汛期及年平均悬沙级配曲线见图4-22。由图可知，无论是大沙年还是中沙年，汛期悬沙级配明显粗于非汛期。

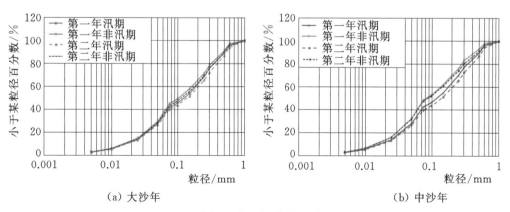

图4-22 引水渠进口汛期非汛期悬沙级配

　　根据上述入渠水沙特性，典型年排沙方案设计如表 4 - 5 所示，并延续第一节情景模式的设计方案（表 4 - 3），分别命名为方案四和方案五；不同拉沙流量工况设计同方案一至方案三。

表 4 - 5　　　　　　　　　　典型年排沙方案

设计方案		引水含沙量 /kg/m³	流量/(m³/s)			
			引水	拉沙		
				工况 1	工况 2	工况 3
典型年方案	方案四（大沙年）	3.98（汛期平均）0.59（非汛期平均）	55.6 40.38	5.6	10.0	20.0
	方案五（中沙年）	2.78（汛期平均）0.38（非汛期平均）	55.6 40.38	5.6	10.0	20.0

（二）排沙方案比选

　　取水防沙调度方式主要从出口水位和取水流量两个方面的调控来寻求解决措施。引水渠出口水位调控总体思路为，在保证引水渠进口水位不超过正常蓄水位 902.25m 的基础上，当渠道入口不能引取要求的发电流量时，关闭发电洞及发电机组，停止发电，仅引取冲沙流量，同时最大可能降低引水渠出口控制水位，利用冲沙流量集中排沙；引水渠取水流量为，根据入库流量按非汛期和汛期调度模式取水，当渠道淤积使得引水渠不能引取发电流量时，关闭发电机组，分别引取拉沙流量 5.6m³/s、10.0m³/s 和 20.0m³/s，并结合引水渠出口水位调控拉沙运行。

　　结合情景模式不同工况分析可知，不同拉沙流量对渠道冲淤变化规律基本一致，仅在拉沙频率和拉沙效率上有所区别。因此，本节计算分析典型年拉沙运行时间、发电运用与拉沙运用的时间比、拉沙减淤效果等规律，仍以设计拉沙流量 5.6m³/s 为例，其他拉沙流量作为对比方案用以综合分析。

　　1. 大沙年运行模式及拉沙效果分析

　　大沙年系列水沙条件为，汛期入库流量较大，能够引取设计发电流量；非汛期入库流量大于发电流量则引取设计流量，小于发电流量则引取水库实际来流量。大沙年第一年和第二年汛期日平均含沙量分别为 3.84kg/m³ 和 4.11kg/m³；非汛期日平均含沙量均为 0.590kg/m³。引水渠在进入汛期正常发电运用 32d 后，渠道累积淤积 0.511 万 t，进口断面渠道淤积厚度接近 4.0m，此时若持续此工况，引水渠将因淤积量过大、引水能力降低而不能引入要求流量。为确保电站的取水防沙及安全运行需实施集中冲沙调控。即引入拉沙流量同时渠道出口敞泄，出口水位由 902.18m 降低至 895.8m。

（1）拉沙时长及频率。不同拉沙流量进行拉沙调度所用时长及频率变化规律基本一致，以拉沙流量 5.6m³/s 为例，如图 4-23 所示。在含沙量较高的汛期进行拉沙调控运行，拉沙流量为 5.6m³/s 时，所需拉沙调控时间第一年为 22.96d，第二年为 37.63d。同理，经计算分析，拉沙流量为 10.0m³/s 和 20.0m³/s 时，所需拉沙调控时间第一年分别为 15.21d 和 7.21d，第二年分别为 19.04d 和 8.75d。由于第二年汛期含沙量大于第一年汛期，第二年拉沙运行时长和频率也大于第一年；此外，拉沙流量越小，拉沙调控所需时间越长。尤其是第二年拉沙流量为 5.6m³/s 时，所需调控时间占到了汛期总时间的一半以上。综合对比不同拉沙流量的调控方案可知，拉沙流量越大，所需拉沙调控的总时间越短。

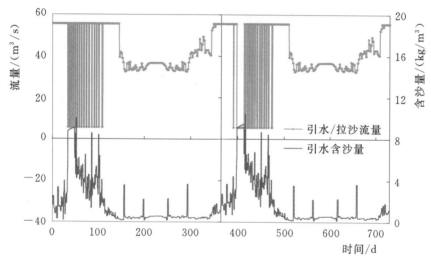

图 4-23　大沙年引水渠拉沙流量 5.6m³/s 调控与含沙量过程对应图

（2）冲淤厚度及冲淤量。拉沙调控运行 2 年中，正常引水及拉沙流量 5.6m³/s 时，渠道进口断面渠底高程变化及累积冲淤量变化见图 4-24。因拉沙调控主要发生在汛期，针对不同拉沙流量，除汛期的冲淤幅度及冲淤频率不同外，整个非汛期水沙条件相同，引水渠冲淤调整一致，至年末渠道累积冲淤量为 0.42 万 t。

以上分析可知，在大沙系列水沙条件下，汛期含沙量较大，必须进行拉沙调控；非汛期尽管部分时期含沙量较大、流量较小，致使渠道淤积较快，但不会影响渠道正常取水。同时，由图 4-23 和图 4-24 可知，不同级别拉沙流量仅在汛期对引水渠的冲淤发生影响。为了细化对比汛期不同拉沙流量的拉沙效果，仅分析第一年汛期拉沙情况。

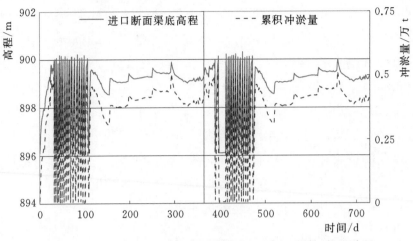

图 4-24　大沙年引水渠拉沙流量 5.6m³/s 调控冲淤过程

（3）大沙年汛期拉沙频率。在汛期的第一个月，渠道以淤积为主，进入第二个月后，随着含沙量的持续增加（连续 17d 含沙量超过 6.0kg/m³，平均含沙量达到 8.75kg/m³），拉沙调控的频率增加。

由图 4-25 可见，在一个大沙汛期前 32d 内，渠道发生淤积，在进入第 33d 后的剩余汛期 92d 内开始拉沙调控。拉沙流量为 5.6m³/s 时，引水渠拉沙运行 17 次，拉沙运行总时长 22.96d。当拉沙流量分别为 10.0m³/s 和 20.0m³/s 时，引水渠拉沙运行次数分别为 20 次和 22 次，拉沙运行总时长分别为 15.21d 和 7.21d。

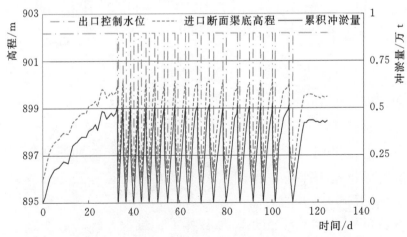

图 4-25　大沙年汛期拉沙流量 5.6m³/s 汛期拉沙调控

也就是说，对于拉沙流量为 5.6m³/s 的调控运行，汛期中平均每 5.4d 需调控一次，每次拉沙约需 1.35d，回淤时长（拉沙后可正常发电运行时长）约 4.06d，拉沙与正常运行时长比 1∶3；对于拉沙流量为 10.0m³/s 的调控运行，汛期中平均每 4.60d 需调控一次，每次拉沙约需 0.76d，回淤时长约 3.84d，拉沙与正常运行时长比 1∶5；对于拉沙流量为 20.0m³/s 的调控运行，汛期中平均每 4.18d 需调控一次，每次拉沙约需 0.33d，回淤时长约 3.85d，拉沙与正常运行时长比 1∶12。

（4）汛期冲淤量及拉沙效率。由图 4-25 可见，当拉沙流量为 5.6m³/s 时，单次拉沙调控前后进口断面淤积高度基本恢复至渠底高程；渠道累积冲淤量由拉沙前的 0.5 万 t 拉沙冲刷至接近 0，单位时段平均冲沙量分别为 156t/h。拉沙流量分别为 10.0m³/s 和 20.0m³/s 时，单次拉沙调控前后进口断面淤积高度和渠道累积冲淤量变化规律与拉沙流量 5.6m³/s 时基本一致，单位时段平均冲沙量分别为 277t/h 和 648t/h。

（5）拉沙冲刷过程（冲淤纵剖面变化）。因引水渠正常运行淤积过程为长时段近似平行抬升，输出时段为每 24h；而拉沙运行为快速冲刷过程，输出时段为每 1h。

拉沙流量 5.6m³/s 时引水渠不同时段沿程渠底高程变化如图 4-26 所示。由图 4-26 可以清晰地看见引水渠拉沙运行时渠底淤积物溯源冲刷的过程。引水达到淤积上限实施拉沙运行，完成全河段冲刷分别需要 4h；此后在拉沙运行阶段引水渠全渠段冲刷，且冲刷幅度明显减弱。拉沙流量分别为 10.0m³/s 和 20.0m³/s 时，渠底淤积物溯源冲刷分别为 3h 和 2h。拉沙流量越大，冲刷幅度越大。

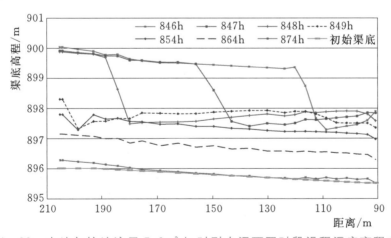

图 4-26　大沙年拉沙流量 5.6m³/s 时引水渠不同时段沿程渠底高程变化

（6）汛期各级悬沙淤积比。由拉沙流量 5.6m³/s 引水渠出口断面各级悬沙累积淤积比（图 4-27）可知，引水渠正常供水运用期间，各级悬沙淤积；粒径越粗淤积比越大。引水渠正常运用排入沉沙池水流的悬沙级配不会粗于进口，粗颗粒（大于 0.25mm）悬沙比例小于或等于进口悬沙，不会增加沉沙池的沉沙负担。

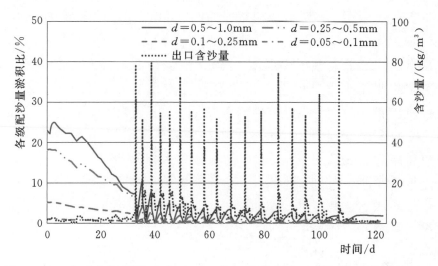

图 4-27　大沙年汛期拉沙流量 5.6m³/s 引水渠出口断面各级悬沙淤积比

引水渠集中拉沙运用，出口断面各级悬沙累积淤积比迅速减少，恢复至接近 0。因引水渠前期淤积物来源于悬沙淤积，拉沙运行会使淤积物发生冲刷，排出水流含沙量增大，悬沙中粗沙组成占比加大，但引水渠排出水流的悬沙粒径不会增大，不会影响沉沙池的沉沙效率。

（7）拉沙前后淤积物级配。引水渠在运行之初的前 32d 处于淤积状态，此时在满荷流量及大沙年汛期含沙量条件下的淤积物级配情况见图 4-28。由图可知，引水渠中段（断面 8、10、17）因断面宽度较小，水流流速较大，淤积物级配分布较为集中，大于 0.25mm 的淤沙级配约为 70%；而渠道首段和

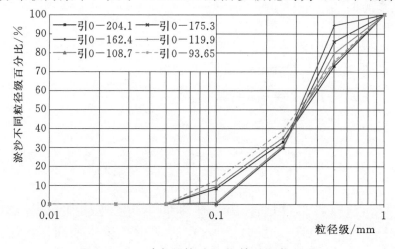

图 4-28　引水渠拉沙运行前淤积物级配

尾段则由于渠道断面较宽、水流流速变缓而使淤积物级配分布相对较为均匀，大于 0.25mm 的淤沙级配由 70％逐渐过渡到接近 60％。

引水渠在随后的拉沙运行调控过程中，对淤积物级配不断进行调整，不同拉沙流量汛期末沿渠不同里程淤积物级配分布状况见图 4-29。由图可知，拉沙运行对引水渠淤积物进行冲刷、发电运行时引水渠重新发生淤积，经过往复不断调整，至汛期末渠道淤积物整体变粗，中值粒径由最初淤积时的 0.32mm 变粗为超过 0.5mm；同时，大于 0.25mm 的淤沙级配增加到 85％～90％。由于淤沙来源于入渠悬沙，所以淤沙最粗粒径与悬沙最粗粒径一致。

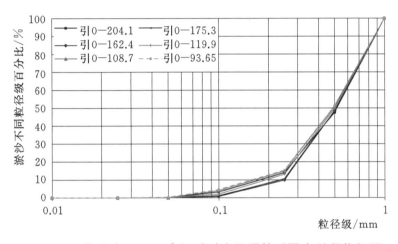

图 4-29 拉沙流量 5.6m³/s 时引水渠调控后汛末淤积物级配

2. 中沙年运行模式及拉沙效果分析

中沙年系列引水流量条件同大沙年，汛期引水流量可按设计发电流量引取；非汛期引水流量在最大流量控制下，引取水库实际来流量。中沙年第一年和第二年汛期日平均含沙量分别为 2.67kg/m³ 和 2.89kg/m³；非汛期日平均含沙量分别为 0.383kg/m³ 和 0.376kg/m³。引水渠在正常发电运用 33d 后，渠道累积淤积 0.529 万 t，进口断面渠道淤积厚度超过 4.0m，需实施集中冲沙调控。冲刷调控原则同大沙系列年，即，关闭发电机组，拉沙流量分别为 5.6m³/s、10.0m³/s 和 20.0m³/s 时，引水渠出口敞泄，出口敞泄水位由 902.18m 降低至 895.8m。

（1）拉沙时长及频率。在含沙量较高的汛期进行拉沙调控运行，拉沙流量为 5.6m³/s 时，所需拉沙调控时间第一年为 14.42d，第二年为 18.21d，如图 4-30 所示。拉沙流量分别为 10.0m³/s 和 20.0m³/s 时，所需拉沙调控时间第一年分别为 8.54d 和 3.96d，第二年分别为 11.92d 和 5.63d，由于第二年汛期含沙量大于第一年汛期，第二年拉沙运行时长和频率也大于第一年；此外，拉沙流量越小，拉沙调控所需时间越长。

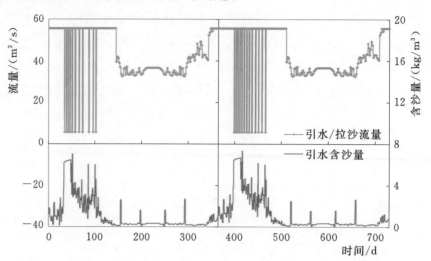

图 4-30 中沙年引水渠拉沙流量 5.6m³/s 调控与含沙量过程对应图

（2）冲淤厚度及冲淤量。拉沙调控运行 2 年中，正常引水及拉沙流量 5.6m³/s 时，渠道进口断面渠底高程变化及累积冲淤量变化见图 4-31。因拉沙调控主要发生在汛期，针对不同拉沙流量，除汛期的冲淤幅度及冲淤频率不同外，整个非汛期水沙条件相同，引水渠冲淤调整基本一致，至第一年末渠道累积冲淤量为 0.42 万 t，第二年淤积量为 0.14 万～0.17 万 t（第二年汛后来流流量不变、含沙量较小）。

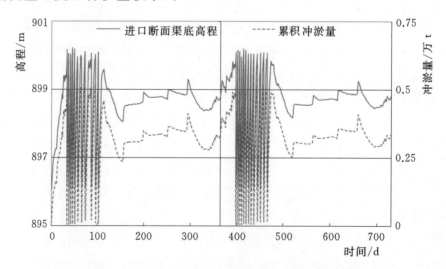

图 4-31 中沙年引水渠拉沙流量 5.6m³/s 调控冲淤过程

以上分析可知，在中沙系列水沙条件下，汛期含沙量较大，必须进行拉沙调控；非汛期由于含沙量较小，渠道淤积较为缓慢，可正常取水运行。为了细化对比中沙年汛期不同拉沙流量的拉沙效果，在此仅分析第一年汛期拉沙情况。

（3）中沙年汛期拉沙频率。在汛期的前 33d 内，引水渠由最初断面不断淤积；第 34d 后，随着含沙量的持续增加（连续 15d 含沙量超过 $6kg/m^3$，平均含沙量达到 $6.35kg/m^3$），拉沙调控的频率增加。

由图 4-32 可见，在一个中沙汛期前 33d 内，渠道发生淤积，在进入第 34d 后的剩余汛期 91d 内开始拉沙调控。当拉沙流量为 $5.6m^3/s$ 时，引水渠拉沙运行 11 次，拉沙运行总时长 14.42d。当拉沙流量分别为 $10.0m^3/s$ 和 $20.0m^3/s$ 时，引水渠拉沙运行次数均为 12 次，拉沙运行总时长分别为 8.54d 和 3.96d。

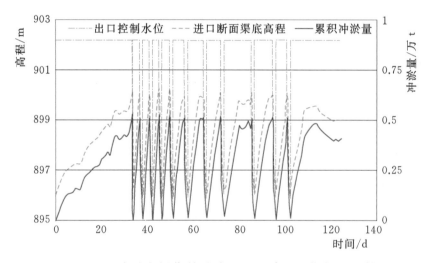

图 4-32　中沙年汛期拉沙流量 $5.6m^3/s$ 汛期拉沙调控

对于拉沙流量为 $5.6m^3/s$ 的调控运行，汛期中平均每 8.27d 需调控一次，每次拉沙约需 1.31d，回淤时长（拉沙后可正常发电运行时长）约 6d，拉沙与正常运行时长比 1:5.3；对于拉沙流量为 $10.0m^3/s$ 的调控运行，汛期中平均每 7.58d 需调控一次，每次拉沙约需 0.7d，回淤时长（拉沙后可正常发电运行时长）约 6.87d，拉沙与正常运行时长比 1:9.7；对于拉沙流量为 $20.0m^3/s$ 的调控运行，汛期中平均每 7.58d 需调控一次，每次拉沙约需 0.33d（4h），回淤时长（拉沙后可正常发电运行时长）约 7.25d，拉沙与正常运行时长比 1:22。

（4）汛期冲淤量及拉沙效率。由图 4-33 可见，当拉沙流量为 $5.6m^3/s$ 时，单次拉沙调控前后进口断面淤积高度基本恢复至渠底高程；淤积量由拉沙前的 0.5 万 t 拉沙冲刷至接近 0，单位时段平均冲沙量分别为 161t/h。拉沙流量分别为 $10.0m^3/s$ 和 $20.0m^3/s$ 时，单次拉沙调控前后进口断面淤积高度和渠道累积冲淤量变化规律较为相似，淤积量由拉沙前的 0.5 万 t 拉沙冲刷至接近 0，单位时段平均冲沙量分别为 297t/h 和 648t/h。汛期拉沙是为了实现对前期淤积物的冲刷，主要与淤积量和拉沙流量有关，因此，由以上分析可知，中沙年汛期拉沙效率与大沙年相差不大。

（5）汛期冲淤纵剖面变化。因引水渠正常运行淤积过程为长时段近似平行抬升，输出时段为每 24h；而拉沙运行为快速冲刷过程，输出时段为每 1h。

拉沙流量 5.6m³/s 引水渠运行冲淤变化规律如图 4-33 所示，由图 4-33 可以清晰地看见引水渠拉沙运行时渠底淤积物溯源冲刷的过程。引水达到淤积上限实施拉沙运行，完成全河段冲刷分别需要 4h；此后在拉沙运行阶段引水渠全渠段冲刷，且冲刷幅度明显减弱。拉沙流量分别为 10.0m³/s 和 20.0m³/s 时，渠底淤积物溯源冲刷分别为 3h 和 2h。拉沙流量越大，冲刷幅度越大。

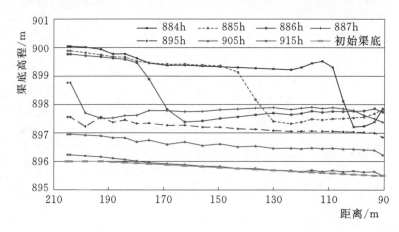

图 4-33　中沙年拉沙流量 5.6m³/s 时不同时段引水渠沿程渠底高程变化

（6）汛期各级悬沙淤积比。由拉沙流量 5.6m³/s 引水渠出口断面各级悬沙累积淤积比（图 4-34）可知，引水渠正常供水运用期间，各级悬沙淤积；粒径越粗淤积比越大；引水渠集中拉沙运用，出口断面各级悬沙淤积比迅速减少，悬沙淤积比恢复至接近 0。

因引水渠前期淤积物来源于悬沙淤积，拉沙运行会使淤积物发生冲刷，排出水流含沙量增大，悬沙中粗沙组成占比加大，但无论引水渠正常供水运用还是集中拉沙减淤运用，排出水流的悬沙粒径不会增大，不会影响沉沙池的沉沙效率。

（7）拉沙前后淤积物级配。引水渠在运行之初的前 33d 处于淤积状态，此时在满荷流量及汛期含沙量条件下的沿渠不同位置淤积物级配情况见图 4-35。由图 4-35 可知，引水渠中段因断面宽度较小，水流流速较大，淤积物级

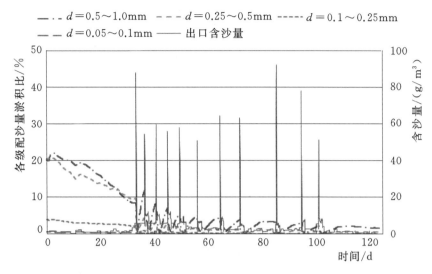

图 4-34 中沙年汛期拉沙流量 5.6m³/s 引水渠出口
断面各级悬沙淤积比

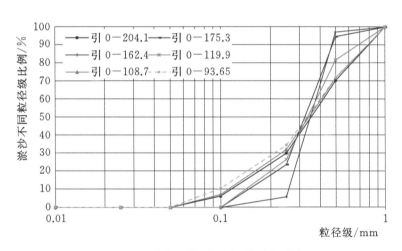

图 4-35 引水渠拉沙运行前淤积物级配

配分布较为集中，大于 0.25mm 的淤沙级配在 70% 以上；而渠道首段和尾段
则由于渠道断面较宽、水流流速变缓而使淤积物级配分布相对较为均匀，大
于 0.25mm 的淤沙级配由 70% 逐渐过渡到接近 60%。

引水渠在随后的拉沙运行调控过程中，对淤积物级配不断进行调整，不
同拉沙流量汛期末淤积物级配分布状况见图 4-36。由图 4-36 可知，拉沙运
行对引水渠淤积物进行冲刷、发电运行时引水渠重新发生淤积，经过往复不
断调整，至汛期末渠道淤积物整体变粗，中值粒径由最初淤积时的 0.32mm
变粗为超过 0.55mm；同时，大于 0.25mm 的淤沙级配增加到 84%～94%。

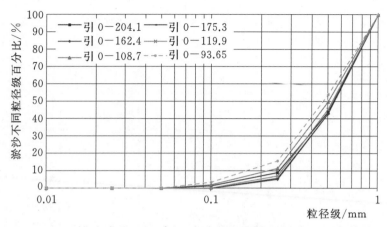

图 4-36　拉沙流量 5.6m³/s 时引水渠调控后汛末淤积物级配

3. 大沙年、中沙年不同拉沙流量拉沙效果对比

综上所述，对于典型系列年，无论是大沙年还是中沙年，由于汛期含沙量较大，引水渠在最大流量取水条件下，淤积较为迅速，必须实施拉沙调控运行；而在非汛期尽管部分时段引水流量略小，但由于含沙量较小，引水渠在正常取水发电条件下，能够实现渠道不被淤堵。

汛期引水渠进行拉沙调控运行时，不同拉沙流量条件下，引水渠典型年正常供水及集中拉沙调控运行效果对比见表 4-6。

表 4-6　　　　　引水渠典型年正常供水及集中拉沙调控运行效果

方案 系列年	拉沙流量 /(m³/s)	拉沙频率 /(次/汛期)	单次拉沙 时长/d	发电时长 /d	拉沙与发电 时长比	单位时段 冲沙效率/(t/h)
方案四 大沙年 汛期	5.6	17	1.35	4.06	1:3	156
	10.0	20	0.76	3.84	1:5	277
	20.0	22	0.33	3.85	1:12	648
方案五 中沙年 汛期	5.6	11	1.31	6	1:5.3	161
	10.0	12	0.71	6.87	1:9.7	297
	20.0	12	0.33	7.25	1:22	648

由表 4-6 可见，同一来流含沙量条件下，拉沙流量越大，引水渠供水发电时长与集中拉沙时长之比越大，单次拉沙效率越高；但拉沙频率也增加。

第三节　引水渠实际冲淤过程分析

一、入渠实测水沙特性

上马相迪 A 水电站 2017 年和 2018 年运行期间对库区及引水渠进行了水

文泥沙原型观测，并不定期对引水渠淤积进行了监测。

（一）**2017 年水文泥沙原型观测**

上马相迪 A 水电站于 2017 年 3 月 27 日至 10 月 31 日对引水水文泥沙进行了观测，包括实测引水流量、含沙量及悬沙级配。

引水渠引水流量及含沙量直接受干流上马相迪河来流来沙控制。上马相迪河干流流量由汛前最小观测值 35.4m³/s（4 月）增加到汛期最大流量 459.1m³/s（7 月 5 日），含沙量由汛前最小观测值 0.01kg/m³（4 月）增加到汛期 4.74kg/m³（7 月 5 日）。引水渠正常运行，观测流量和含沙量与干流变化相对应，流量为 33～51.18m³/s，含沙量变化为 0.01～1.44kg/m³，如图 4-37 所示。

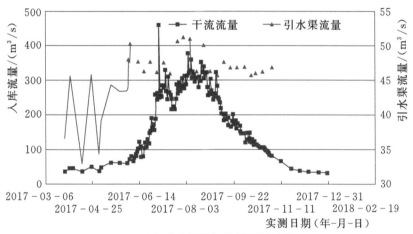

（a）引水流量与干流流量过程

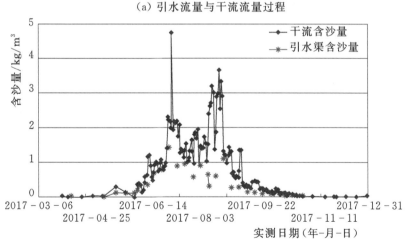

（b）引水含沙量与干流含沙量过程

图 4-37　2017 年实测引水渠与干流流量及含沙量对比

观测期间引水渠悬沙级配整体较细，选取各月代表性悬沙级配，如图4-38所示。由图可见，2017年实测引水渠和库区悬沙级配中值粒径在0.01～0.05mm之间；其中引水渠5月2日实测悬沙中值粒径约为0.02mm；库区干流7月5日悬沙中值粒径约为0.05mm。考虑到水库运用后基本达到冲淤平衡，引水渠进口悬沙级配与库区实测悬沙级配一致，引水渠悬沙级配综合考虑库区和引水渠实测悬沙级配，引水渠汛期、非汛期入渠悬沙级配中值粒径分别为0.021mm和0.016mm，如图4-38所示。

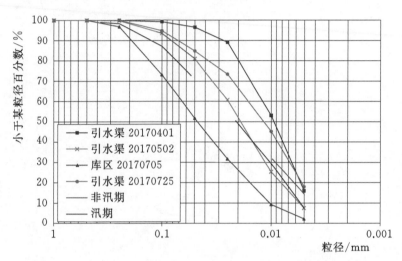

图4-38 引水渠实测悬沙级配及汛期和非汛期代表级配

（二）2018年水文泥沙原型观测

2018年自1月1日至10月9日的引水渠流量、含沙量及悬沙级配如图4-39～图4-40所示。

由2018年引水渠和干流流量与含沙量变化过程及对比（图4-39）可见，2018年引水渠引水流量较为稳定，除水库拉沙运行调度期外，引水流量在36.78～45.30m³/s之间；2018年引水含沙量5月之前较小（0.01kg/m³），汛期含沙量较2017年明显增大，与干流变化基本对应，7月共有27天含沙量大于1.0kg/m³，其中7月25—29日含沙量在5.25～7.05kg/m³之间。

2018年汛前（5月3日）、汛期（5月22日至9月7日每周）对引水渠进口（CS1）悬沙级配进行了测量，选取代表性悬沙级配曲线如图4-40所示。由图可见，2018年实测悬沙级配明显粗于2017年，中值粒径在0.055～0.125mm之间，其中，汛前泥沙粒径较细，5月3日实测悬沙中值粒径为0.061mm，悬沙粒径中大于0.25mm的沙量仅占3.03%；汛期除7月9日实测悬沙粒径较粗（$d_{50}=0.125$mm）、7月25日实测悬沙粒径较细（$d_{50}=$

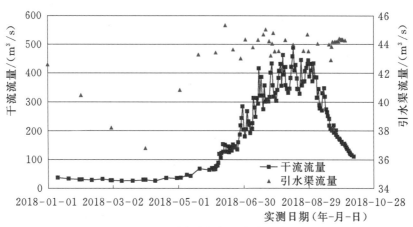

（a）引水流量与干流流量过程

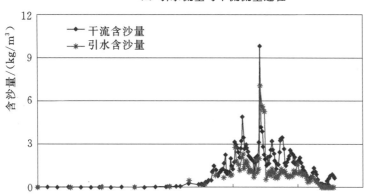

（b）引水渠含沙量与干流含沙量过程

图 4-39 2018 年实测引水渠与干流流量与含沙量对比

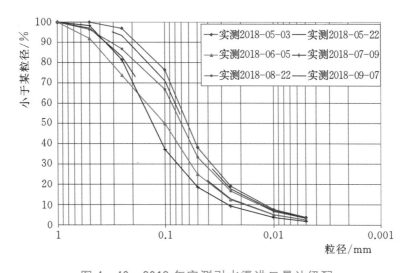

图 4-40 2018 年实测引水渠进口悬沙级配

133

0.056mm）外，5 月下旬及 6 月中值粒径约 0.1mm，7 月、8 月中值粒径约 0.07mm。

（三）2017 年和 2018 年入渠水沙情况对比

根据统计 2017 年和 2018 年引水渠入渠水沙资料与河道来水来沙实测资料可知，2017 年为平水少沙年、悬沙粒径较细，2018 年为平水中沙年、悬沙粒径略粗，两年干流来流量略大于多年平均径流量，来沙量较少。近两年入库水文泥沙情况有利于引水渠的淤积控制，使引水渠通过减淤调度而不淤或少淤。引水渠引水受水库上游来流量的限制及人为控制，引水量较为稳定；引水渠采用侧向引水且引水闸地板高程高于库区河底高程，入渠沙量和含沙量明显减少。

经统计分析 2017 年和 2018 年实测资料（表 4－7），可知 2017 年是少沙年，来沙粒径也较细；而 2018 年来沙量为设计所用多年平均值。对比 2017 年和 2018 年实测完整的汛期（6～9 月）资料可知，2017 年引水渠汛期引沙 13.54 万 t，是汛期入库沙量（292 万 t）的 5%，平均含沙量 0.60kg/m³，是入库汛期含沙量的 43%，悬沙中值粒径在 0.01～0.05mm 之间。而 2018 年引水渠汛期引沙 47.4 万 t，是汛期入库沙量（555 万 t）的 8.5%，平均含沙量 1.02kg/m³，是入库汛期含沙量的 53%，悬沙中值粒径在 0.05～0.125mm 之间。

2018 年汛期水库干流来沙量为 555 万 t，是 2017 年汛期干流来沙量的 1.9 倍；引水渠汛期引入沙量为 47.42 万 t，是 2017 年引入渠道沙量的 3.5 倍；此外，2018 年引水渠引水悬沙粒径明显粗于 2017 年悬沙中值粒径。

表 4－7　　　　　　　2017 年与 2018 年实测水文泥沙条件对比

项　　目	干流来沙量 /万 t	引水渠引沙量 /万 t	平均含沙量 /(kg/m³)	悬沙级配中值粒径 /mm
2017 年汛期	292	13.538	0.60	0.01～0.05
2018 年汛期	555	47.415	1.02	0.05～0.125

二、实测引水渠淤积

（一）2017 年淤积情况

2017 年 5 月至 11 月对引水渠渠道 CS1、CS4、CS5 和 CS6 断面共进行了 5 次水下地形测量。引水渠各断面不同时间淤积量统计如表 4－8 所示，不同时间沿程平均淤积厚度见图 4－41。由图可见，测量时段内最大淤积发生在 2017 年 8 月 31 日，测量渠段共淤积泥沙 345.32t。

表 4-8　　　　　　　　　　　实测断面淤积量统计

项目	断面号	2017-05-23	2017-07-31	2017-08-31	2017-10-03	2017-11-01
淤积厚度 /m	CS1	0	0.34	0.48	0.32	0.23
	CS4	0	0.25	0.27	0.14	0.10
	CS5	0	0.31	0.58	0.20	0.10
	CS6	0	0.05	0.02	0.01	0.01
淤积量 /t	CS1	0	19.81	27.83	18.55	13.52
	CS4	0	26.59	32.92	20.44	14.77
	CS5	0	103.51	151.70	61.96	36.24
	CS6	0	66.04	136.46	44.07	20.30
	合计	0	215.95	348.91	145.02	84.83

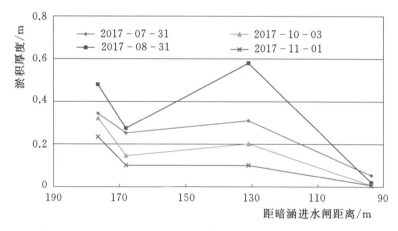

图 4-41　实测引水渠不同时间沿程平均淤积厚度统计

（二）2018 年引水渠淤积情况

2018 年汛期水电站分别于 7 月 21 日、8 月 25 日和 9 月 17 日实施了水库泄洪排空拉沙调度，引水渠在拉沙调度运行中得到有效冲刷。结合水库拉沙调度，分别于 8 月 23 日、8 月 27 日和 9 月 6 日对引水渠水下地形进行了测量，两次实测淤积厚度统计见表 4-9 和表 4-10。

表 4-9　　　　CS6 断面及上游渠段实测引水渠平均淤积厚度

测量结果	日期	CS6-5	CS6-9	CS6-13	CS6-17	CS6-21	CS6-25	CS6-29
平均淤积 厚度/m	8月23日	0.10	0.39	1.12	1.73	1.36	0.97	0.55
	8月27日	0.05	0.24	0.77	1.44	1.35	0.78	0.73
	9月6日	0.05	0.39	1.14	1.82	1.72	1.44	0.82

测量结果	日期	CS6-5	CS6-9	CS6-13	CS6-17	CS6-21	CS6-25	CS6-29
最大淤积厚度/m	8月23日	0.64	1.98	2.35	2.37	1.98	1.35	0.92
	8月27日	0.43	1.38	1.35	1.65	0.78	0.80	0.64
	9月6日	0.07	1.86	2.73	2.70	1.73	1.40	1.41

表 4-10　　　CS7 断面及上游渠段实测引水渠平均淤积厚度

测量结果	日期	CS7	CS7-4	CS7-8	CS7-12	CS7-16	CS7-20	CS7-24	CS7-28
平均淤积厚度/m	8月23日	4.14	4.47	4.12	3.71	3.42	3.36	3.68	3.14
	8月27日	2.05	2.08	1.86	1.74	1.69	1.70	1.47	1.44
	9月6日	3.84	3.11	2.55	2.38	2.05	2.03	1.76	1.51
最大淤积厚度/m	8月23日	5.92	4.89	4.44	3.84	3.42	3.51	5.45	3.79
	8月27日	2.09	1.66	1.55	1.47	1.38	1.36	1.25	1.64
	9月6日	5.42	3.56	3.10	2.65	2.42	2.45	1.99	2.02

由实测资料可知，引水渠泥沙淤积主要发生在 CS6 断面上游 13～25m 范围内，CS6 断面上游 17m 处平均淤积厚度最大达到 1.82m，最大淤积厚度为 2.70m。此外，汛期沉沙池运用，泥沙在沉沙池出口向上游回淤，CS7 断面至引水渠工作闸门之间淤积较为严重，CS7 断面以上 4m 处平均淤积厚度最大达到 4.47m，最大淤积厚度为 5.92m。

（三）2017 年和 2018 年泥沙排除率分析

引水渠淤积主要受入渠含沙量和悬沙级配的影响。为了分析引水渠进出口含沙量变化，以累积冲淤量与引水渠引入累积沙量之比定义为泥沙排除率。2017 年汛期和 2018 年汛期引水渠进口及暗涵进口（沉沙池出口）含沙量及泥沙排除率变化过程见图 4-42。

2017 年汛期仅有 8 月 14 日和 8 月 21 日引水渠出口（暗涵进口）含沙量明显小于引水渠进口，排除率较大，分别为 47% 和 52%，其他时间引水渠出口含沙量基本大于引水渠进口，即淤积比基本小于零，说明 2017 年汛期引水渠基本不淤或者淤积较少。而 2018 年汛期引水渠进出口排除率大多数天数大于零，即，2018 年汛期引水渠以淤积为主，其中，7 月 15 日以后，仅有 8 月 15 日、8 月 25 日和 9 月 18 日引水渠出口含沙量略小于进口。2018 年汛期引水渠排除率值最大为 81%，发生在 7 月 29 日，进出口含沙量分别为 5.25kg/m³ 和 1.02kg/m³。

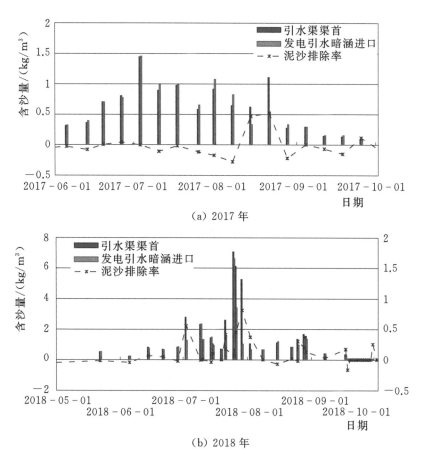

(a) 2017 年

(b) 2018 年

图 4-42 引水渠进口含沙量和暗涵进口含沙量比较

三、引水渠清淤方式及效果分析

(一) 引水渠清淤方式

由引水渠拉沙运行冲刷方案分析可知, 引水渠淤积达到一定量及淤积高度、影响正常发电引水后, 必须实施冲沙调度对引水渠淤积物进行冲沙减淤。

为了加快引水渠减淤效率, 结合引水冲沙, 对引水渠分布较为集中的淤积体可采用人工清理、机械清理、吸沙泵排沙、高压水枪配合等人工干预冲刷以及控制闸门开度冲刷等淤沙处理方式, 列举如下。

方式 1: 人工清理

由于该段引水渠细颗粒悬移质泥沙淤积体积较大, 采用人工清理方式既费时又费力, 而且为了保证安全, 整个清理过程都需要机组停机, 且放空引水渠与沉沙池。

方式 2: 机械清理

出于对引水渠底板的保护，不宜将挖掘机械吊至引水渠内进行施工，另外由于该段引水渠泥沙淤积体积较大，造成泥沙清运的难度较大，而且整个清理过程都需要机组停机，放空引水渠与沉沙池。

方式3：吸沙泵排沙

由于该段引水渠泥沙淤积体积较大，采用吸沙泵排沙最主要的不足是泥沙的排放问题。经分析，可通过沉沙池排放及过机处理：①通过沉沙池排放：由于泥沙粒径较小通过沉沙池排放就必须机组停机，否则泥沙无法得到过滤。另外，清理时间较长。②吸沙泵的运行需人工全程配合，由于泥沙粒径较小且经过沉淀相对密实，若操作不当易造成堵泵，而且所排放泥沙含量非常不稳定。

方式4：高压水枪配合人工冲沙

该种处理方式意味着将该段引水渠淤积泥沙通过过机方式进行处理，首先需要人工方式来完成，其次由于引水渠工作闸门至CS7断面长度超过30m，即便是将泥沙翻动，泥沙也很难通过扩散作用进入CS7断面以后，尤其是靠近引水渠工作闸门部分，安全保证难度非常大。

方式5：控制闸门开度冲沙

该种处理方式主要有两种：

1）关闭暗涵进水闸。通过开启引水渠工作闸门将泥沙冲入沉沙池，该种处理方式的不足在于该段引水渠正对暗涵进水口，而暗涵进水口周围底板高程在引水渠底板高程以下2.8m，过渡段长度达20m，因此在泥沙冲入沉沙池前很大一部分会在暗涵进水口淤积，再次引水发电时过机泥沙含量将非常大。

2）沉沙池正常运行并逐步开启引水渠工作闸门。该种处理方式简单易操作，难点在于控制引水渠工作闸门开度，保证瞬时过机泥沙含量小于设计过机含沙量。经分析，可以通过在暗涵进水口和尾水出口取样的方式实现过机含沙量的实时监测，进而指导引水渠工作闸门开度，弥补上述不足。

综上所述，经过对上述方案进行认真比选，认为采取控制闸门开度冲沙及泥沙过机的处理方式是比较合适的。首先，此段引水渠淤积泥沙已经过沉沙池的沉淀，0.45mm以上的泥沙（推移质）已经过了沉沙池的过滤，泥沙性质已满足设计要求，0.25mm以下粒径泥沙的比例达到90%，满足设计过机泥沙粒径要求，只需满足瞬时过机泥沙含量小于设计过机含沙量（1.494kg/m³）后，即可通过过机的方式，对该段引水渠淤积泥沙进行处理。

一般情况下，采取控制闸门开度冲沙的过程如图4-43所示。

此外，上马相迪水电站采用排沙漏斗作为沉沙设施，引水渠进水口水流

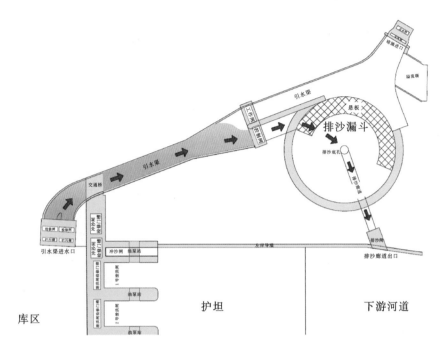

图 4 – 43　上马相迪水电站引水渠冲沙方式示意图

在经过沉砂漏斗过滤后，仍存在部分小颗粒悬移质泥沙通过悬板到达后面的引水明渠内，由于引水渠工作闸门后水流状态平稳，导致小颗粒悬移质泥沙在该位置发生沉淀与堆积。通过断面地形数据分析，2017 年该段引水渠小颗粒悬移质泥沙淤积体积达 681.86m³。上马相迪水电站在实际运行中，充分利用引水渠剩余水量，开创了反向冲沙清淤方式，如图 4 – 44 所示。也就是在引水渠拉沙运行需暂停发电时，开启引水渠左侧工作闸门，利用发电洞内剩余水流，反向冲刷越过沉沙漏斗悬板淤积在工作闸门后的淤积体，完成部分清淤。

（二）实际清淤过程

上马相迪水电站依据设计要求，并结合水库拉沙运行的现场实际情况，引水渠正、反向冲刷实施步骤如下：

（1）关闭发电洞闸门停止发电，结合水库拉沙调度进行引水渠冲沙运行。此时引入冲沙流量，正向冲刷引水渠内已有淤积物，冲沙引起的高含沙水流通过排沙漏斗排出。

（2）当库区拉沙水位低于引水渠引水高程时，开启发电洞暗涵闸门，释放暗涵洞中的留存水流反向冲刷引水渠工作闸门后淤积体。

（3）当水库继续降低水位拉沙运行时，可采取人工清淤方式清除引水渠

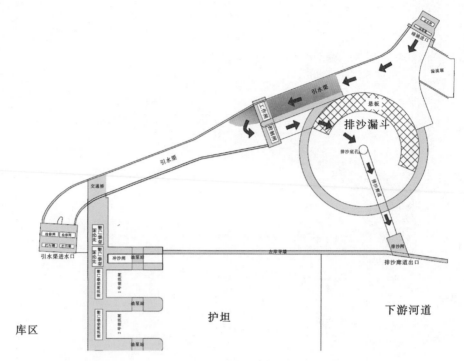

图 4-44　上马相迪水电站引水渠反向冲沙方式示意图

内剩余淤积体。

（4）当水库结束拉沙调度，水位持续回升至引水渠引水高程后，恢复引水发电运行。

为了防止剩余淤积泥沙对发电造成危害，在恢复引水发电运行之初，经分析引水渠闸门不同开启度的过流能力，实施了控制闸门开启高度，泥沙过机的方式，对该段引水渠淤积泥沙进行处理。以过机含沙量不超过 1.4kg/m^3（设计过机含沙量为 1.494kg/m^3）为原则，通过对过机泥沙实时监测、控制闸门开度等手段来完成对该段所淤积泥沙的处理。开启闸门操作如下：

（1）将水库运行水位调整在高程 902.4～902.5m 之间运行，实现溢流堰溢流。在沉沙池正常运行情况下，将引水渠工作闸门开启至 5cm 高度，通过抛洒碎纸片的方法观察引水渠工作闸门后水体是否出现流动，如无流动，将引水渠工作闸门开启增加 5cm（即 10cm），以此类推直至引水渠工作闸门后水体出现流动。

（2）实时监测暗涵进水口和尾水出口含沙量，监测时间 30min，测量出实际进入引水隧洞泥沙含量。保持现有运行方式长时间运行，慢慢将淤积泥沙挟带走。

（3）第一天每隔 3h 对该段引水渠泥沙淤积情况进行了测量与调查，如果两次时间间隔内发现淤积泥沙未有减少，则按照上述操作将引水渠工作闸门开启再增加 5cm，直至实时监测该段淤积泥沙再次减少，慢慢将淤积泥沙挟带走。以此类推。

（三）拉沙及清淤运行效果分析

1. 清淤前淤积情况

上马相迪水电站对 2017 年引水渠拉沙清淤前泥沙淤积情况进行了测量与调查，如图 4-45 所示，引水渠自下游向上游（工作闸门后淤积体向上游方向）沿程泥沙淤积厚度逐渐减小，最大平均深度为 5.19m，最小为 0.9m。

根据引水渠工作闸门后引水渠断面形状及底板高程，泥沙淤积最深处过流断面平均宽度为 8.7m，深度约为 1.8m；泥沙淤积最浅处过流断面平均宽度为 8.7m，深度约为 5.0m；引水渠后最大断面宽度为 8.7m，深度约为 7.0m。据此计算出最小过流断面面积为 15.7m²，最大过流断面面积为 43.5m²，最大引水渠断面面积为 60.9m²。

综上所述，通过上述引水渠工作闸及沉沙池控制闸过流流量测算、侵蚀流速以及过流断面尺寸进行综合计算与分析，得出如下结论：

（1）在引水渠工作闸门开度为 0.2m 时，泥沙淤积最浅处（过流断面最小处）将出现侵蚀流速，泥沙出现冲刷。

（2）在引水渠工作闸门开度为 0.6m 时，泥沙淤积最深处（过流断面最大处）将出现侵蚀流速，泥沙出现冲刷。

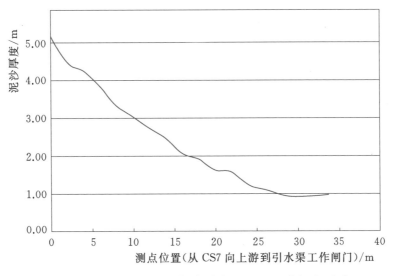

图 4-45　上马相迪水电站引水渠淤积厚度沿程分布

（3）在引水渠工作闸门开度为0.80m时，引水渠后最大断面最底部将出现侵蚀流速，泥沙出现冲刷。

2. 清淤效果分析

2017年，上马相迪水电站在分析研究的基础上，边试验边操作，对引水渠淤积泥沙进行冲刷清淤。根据厂房尾水含沙量监测数据，清淤实施全过程过机泥沙含量均在0.6kg/m³以内，其中绝大部分时间在0.2kg/m³以内，远低于设计过机含沙量为1.494kg/m³，对机组过流部件的损伤非常小。另外，通过淤积断面地形测量可知，剩余泥沙淤积体积约为20m³，共清淤泥沙体积661m³，对非汛期引水不经沉沙漏斗直接进入发电暗涵不产生影响。

实施过程中，在库前水位达到902.4m高程时引水渠工作闸门处对应的水位高程约902.35m（水深约5.85m），通过泥沙监测数据来实时调整闸门开度，同时，为尽量降低过机泥沙含量，较少过流部件的磨损，整个实施过程历时7天半。处理过程泥沙淤积厚度变化情况如图4-46所示。

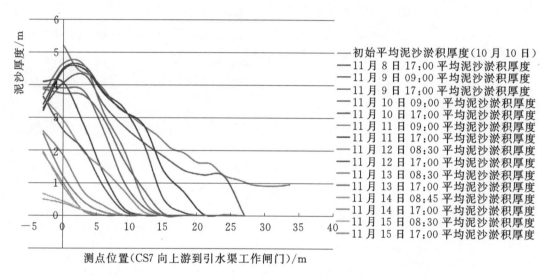

图4-46 引水渠工作闸门后平均泥沙淤积厚度变化情况

通过此次引水渠淤积泥沙过机处理，为上马相迪引水渠淤积泥沙的处理找到了切实可行的解决办法。同时，也为类似水电工程在不影响正常引水发电情况下，引水渠淤积泥沙的处理积累了宝贵经验。主要经验介绍如下：

清淤泥沙处理时间可适当提前，在汛后入库水流含沙量小于0.05kg/m³后即可进行。

引水渠工作闸门初始开度以10cm为宜，并根据含沙量实时监测数据进行以下操作：在闸门开度达到30cm以前，可按照每次增加5cm进行；在开度达到 30cm 以后，可按照每次增加 10cm 开度进行；在闸门开度达到 70cm 后，可通过 1～2 次间隔操作将闸门全开。

在时间允许的情况下，宜尽量增加过程持续时间，降低过机含沙量，减少含沙水流对机组过流部件的损害。

参 考 文 献

［1］ 童亮. 金沟河二级水电站引水渠首设计与排沙措施研究 ［J］. 广东水利水电，2019 (5)：13 - 16.

［2］ 侯忠，董江波. 尼泊尔上马相迪 A 水电站引水渠淤积泥沙处理方式探索与研究 ［R］. 中国电建集团海外投资有限公司.

［3］ 张开泉，刘焕芳，刘新鹏. 引水式电站泥沙的分级处理与涡管排沙式沉沙池 ［J］. 陕西水力发电，2001，17 (4)：19 - 21.

［4］ 黄建成，赵萍，闫霞，等. 西藏扎拉水电站水库泥沙对电站运行影响试验研究 ［J］. 长江科学院院报，2017，34 (6)：7 - 11.

［5］ 刘彬，杨磊，徐宏亮，等. 尼泊尔上马蒂水电站取水防沙试验 ［J］. 武汉大学学报 (工学版)，2014，47 (2)：156 - 159，184.

第五章

排 沙 漏 斗 设 计

第一节 排 沙 漏 斗 规 模 论 证

以上马相迪 A 水电站为例说明沉沙效率的确定过程和确定方法。上马相迪 A 水电站的沉沙场地较小，且河道底坡较大，有充足的冲沙水头和流量，通过对不同类型沉沙池的比选，初步确定了采用排沙漏斗作为该水电站的沉沙设施，并通过模型试验、原型观测和理论分析等方法确定排沙漏斗规模和排沙效率。

上马相迪 A 水电站引水渠排沙漏斗工程共包括上游引水渠段、进水闸、节制闸、进水涵洞、漏斗室、悬板、排沙底孔及输沙廊道等部分，各个部分的结构型式和尺寸对于排沙漏斗的排沙效果好坏以及耗水量大小至关重要。但由于排沙漏斗室内的水流为典型的三维立轴型螺旋流，由多种不稳定的次生水流耦合而成，任何部分的结构形式或尺寸的变化都极容易改变其水流流态，使螺旋流强度减弱或消失，从而严重降低排沙效率。因此，为了确保排沙漏斗截沙率和耗水率满足设计要求，同时满足上、下游引渠段和漏斗室进流与出流平顺衔接，试验针对不同的漏斗直径、进水涵洞的高和宽进行了不同方案系列优化试验，确定工程总体布置和建筑物结构布置的最优方案及工程运用效果，指导工程设计。

模型按弗汝德数重力相似准则设计，并考虑阻力相似。模型的相似率如下[1]。

1. 水流运动相似

（1）由重力相似条件可得流速比尺：

$$\lambda_V = \lambda_H^{1/2} \qquad\qquad (5-1)$$

（2）由水流连续相似条件可得流量比尺及水流时间比尺：

$$\lambda_Q = \lambda_L / \lambda_H^{3/2} \tag{5-2}$$

$$\lambda_{t_1} = \lambda_L / \lambda_H^{1/2} \tag{5-3}$$

（3）由阻力相似条件，推求糙率比尺：

$$\lambda_n = \frac{\lambda_H^{2/3}}{\lambda_L^{1/2}} \tag{5-4}$$

2. 泥沙运动相似

（1）悬移质运动相似。

1）含沙量比尺：

$$\lambda_s = \lambda_{s^*} = \frac{\lambda_{\gamma_s}}{\lambda_{\gamma_s - \gamma}} \tag{5-5}$$

2）沉降速度相似比尺：

$$\lambda_\omega = \lambda_V \left(\frac{\lambda_H}{\lambda_L} \right) \tag{5-6}$$

3）泥沙粒径比尺：

$$\lambda_d = \left(\frac{\lambda_\omega}{\lambda_{\gamma_s - \gamma}} \right)^{1/2} \tag{5-7}$$

4）泥沙冲淤相似比尺：

$$\lambda_{t_2} = \frac{\lambda_L \lambda_{\gamma_o}}{\lambda_V \lambda_S} \tag{5-8}$$

（2）床沙起动相似比尺：

$$\lambda_d = \frac{\lambda_v^{\frac{\beta}{1+\beta}} \lambda_\omega^{\frac{2-\beta}{1+\beta}}}{\lambda_{\gamma_s - \gamma}^{\frac{1}{1+\beta}}} \tag{5-9}$$

式中：β 为与粒径有关的系数，大小一般在 $0 \sim 1$ 之间。

（3）单宽推移质输沙率相似比尺：

$$\lambda_{qsb} = \frac{\lambda_{\gamma_s}}{\lambda_{\gamma_s - \gamma}} \cdot \frac{\lambda_H^3}{\lambda_L \lambda_\omega} \tag{5-10}$$

（4）河床变形相似比尺：

$$\lambda_{t_3} = \frac{\lambda_L \lambda_H \lambda_{\gamma_0}}{\lambda_{qsb}} \tag{5-11}$$

以上各式中：λ_{γ_s} 为泥沙密实容重比尺；λ_{γ_0} 为泥沙淤积干容重比尺；γ 为清水的容重。

根据以往设计经验，选择排沙漏斗直径 $D = 50\text{m}$，模型设计中相关物理量

145

的比尺为[2]：

几何比尺：$\lambda_l = 33.33$；流量比尺：$\lambda_Q = 6413.40$；流速比尺：$\lambda_v = 5.77$；糙率比尺：$\lambda_n = 1.794$。

试验采用正态模型，根据模型场地的实际情况及精确模拟漏斗室排沙底孔和进水涵洞的高和宽的要求，整个模型由漏斗上游引渠连接段、干渠段、漏斗室、下游渠道段、排沙廊道等部分组成。模型及测点布置见图5-1。

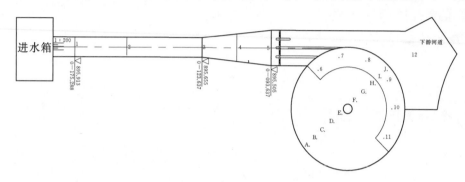

图5-1 模型及测点布置图

上马相迪A水电站引水涵洞前水位为902.09m，考虑到实际排沙漏斗内流场强度、排沙漏斗不运行时下游水流倒灌等问题，选择漏斗直径$D=50$m、悬板高程为902.09m设计方案进行试验。

综合考虑下游渠道引水量和泥沙处理要求（包括泥沙截流粒径和截沙效率），初拟单座漏斗沿干渠纵轴线布置在干渠右岸，漏斗室直径为50m，进水涵洞洞宽8.0m，涵洞净高4.0m，为单孔。漏斗径坡1:4，悬板高6.72m，排沙底孔孔径80cm。漏斗进水口前通过渐变段与上游矩形断面渠道相衔接。

考虑到排沙漏斗工程修建完成后，上游来流量可能存在一定变幅，试验选择20m³/s、35m³/s、50m³/s（设计流量）三种不同工况进行，观测相关参数，判断排沙漏斗在不同流量下的适用性。

当引水流量为20m³/s时，排沙漏斗典型断面的流速值见表5-1、上下游水位见表5-2，排沙耗水率见表5-3。

表5-1　　　$D=50$m、$Q=20$m³/s漏斗典型断面$2/3H$处流速值

垂线号	A	B	C	D	E	F	G	H	I	J
水深/m	7.83	9.00	10.17	11.33	12.40	12.47	11.37	10.17	8.97	7.47
流速/(m/s)	0.35	0.30	0.27	0.37	0.66	0.46	0.32	0.27	0.26	0.31

表 5-2　　　　　　　　　　*D*＝50m、*Q*＝20m³/s 水位值

测点位置	上游渠道			漏斗悬板上					下游渠道
	1	3	5	6	7	8	9	10	12
水深/m	6.74	7.01	7.13	0.50	0.53	0.43	0.37	0.53	
底高程/m	895.913	895.655	895.505	902.09	902.09	902.09	902.09	902.09	
水位/m	902.66	902.66	902.64	902.59	902.62	902.52	902.45	902.62	902.09

表 5-3　　　　　　　　　　*D*＝50m、*Q*＝20m³/s 排沙耗水率

引水流量/(m³/s)	底孔耗水量/(m³/s)	排沙耗水率/%
20	3.14	15.7

由表 5-1～表 5-3 可知，当引水流量为 20m³/s 时，漏斗典型断面的最大流速值为垂线 E 点 0.66m/s，最小流速值为垂线 I 点 0.26 m/s。最大水位值是上游渠道 1 号点 902.66m，最小水位值是下游渠道 12 号点 902.09m，最大壅水深度为 0.41m。排沙耗水率为 15.7%，高于设计耗水率 8%。

当引水流量为 35m³/s 时，排沙漏斗典型断面的流速值见表 5-4，上下游水位见表 5-5，排沙耗水率见表 5-6。

表 5-4　　　　*D*＝50m、*Q*＝35m³/s 漏斗典型断面 2/3*H* 处流速值

垂线号	A	B	C	D	E	F	G	H	I	J
水深/m	8.08	9.27	10.38	11.53	12.53	12.67	11.53	10.37	8.97	7.73
流速/(m/s)	0.62	0.52	0.44	0.51	0.88	0.57	0.43	0.52	0.55	0.58

表 5-5　　　　　　　　　　*D*＝50m、*Q*＝35m³/s 水位值

测点位置	上游渠道			漏斗悬板上					下游渠道
	1	3	5	6	7	8	9	10	12
水深/m	7.08	7.32	7.45	0.78	0.80	0.48	0.37	0.70	
底高程/m	895.913	895.655	895.505	902.09	902.09	902.09	902.09	902.09	
水位/m	902.99	902.97	902.95	902.87	902.89	902.57	902.45	902.79	902.09

表 5-6　　　　　　　　　　*D*＝50m、*Q*＝35m³/s 排沙耗水率

引水流量/(m³/s)	底孔耗水量/(m³/s)	排沙耗水率/%
35	2.92	8.33

由表 5-4～表 5-6 可知，当引水流量为 35m³/s 时，漏斗典型断面的最大流速值为垂线 E 点 0.88m/s，最小流速值为垂线 G 点 0.43m/s。最大水位

值是上游渠道 1 号点 902.99m，最小水位值是下游渠道 12 号点 902.09.00m，最大壅水水深为 0.74m。排沙耗水率为 8.33%，略高于设计耗水率 8% 的 0.33%。

当引水流量为 50m³/s 时，排沙漏斗典型断面的流速值见表 5-7，上下游水位见表 5-8，排沙耗水率见表 5-9。

表 5-7 $D=50m$、$Q=50m^3/s$ 漏斗典型断面 2/3H 处流速值

垂线号	A	B	C	D	E	F	G	H	I	J
水深/m	8.30	9.43	10.53	11.63	12.73	12.87	11.77	10.57	9.17	8.03
流速/(m/s)	0.96	0.75	0.57	0.58	0.91	0.64	0.53	0.70	0.82	0.83

表 5-8 $D=50m$、$Q=50m^3/s$ 水位值

测点位置	上游渠道			漏斗悬板上					下游渠道
	1	3	5	6	7	8	9	10	12
水深/m	7.43	7.66	7.80	0.97	1.00	0.67	0.43	0.90	
底高程/m	895.913	895.655	895.505	902.09	902.09	902.09	902.09	902.09	
水位/m	903.35	903.31	903.30	903.05	903.09	902.75	902.52	902.99	902.09

表 5-9 $D=50m$、$Q=50m^3/s$ 排沙耗水率

上游来流量/(m³/s)	底孔耗水量/(m³/s)	排沙耗水率/%
50	2.6	5.19

由表 5-7～表 5-9 可知，当引水流量为 50m³/s 时，漏斗典型断面的最大流速值为垂线 A 点 0.96m/s，最小流速值为垂线 G 点 0.53m/s。最大水位值是上游渠道 1 号点 903.35m，最小水位值是下游渠道 12 号点 902.09m，最大壅水水深为 1.10m。排沙耗水率为 5.19%，低于设计耗水率 8%。

由于悬板高程较高，导致上游壅水，在渠首进水闸后弯道末端壅水高度为 1.10m，这样促使渠首正常蓄水位也要相应增加至少 1.10m，经过与设计院沟通，要保持上游渠首水位不变，下游涵洞水位可以调整，只要涵洞前水位保证 900.50m 即可满足引水要求，综合考虑，把排沙漏斗悬板高程降低为 901.00m，涵洞前水位保持在 900.80m，既可满足排沙漏斗正常溢流，也可保证排沙漏斗不运行时水流不倒灌。同时，由于排沙漏斗锥度设计较陡，占用高差较大，排沙道出口高程较低，导致河道在每年一遇洪水情况下倒灌入排沙道，经过调整设计方案，具体参数如下：漏斗室直径为 50m，进水涵洞洞宽 8.0m，涵洞净高 4.0m，为单孔。漏斗径坡 1:6，悬板高 5.62m，排沙底

孔孔径80cm。

对调整设计方案继续进行试验，选择20m³/s、35m³/s、50m³/s（设计流量）三种不同工况进行，观测相关参数，判断排沙漏斗在不同流量下的适用性。

当引水流量为20m³/s时，排沙漏斗典型断面的流速值见表5-10，上下游水位见表5-11，排沙耗水率见表5-12。

表5-10 $D=50m$、$Q=20m^3/s$ 漏斗典型断面 $2/3H$ 处流速值

垂线号	A	B	C	D	E	F	G	H	I	J
水深/m	6.48	7.72	8.94	6.82	11.22	11.37	10.20	9.13	7.55	6.18
流速/(m/s)	0.39	0.32	0.30	0.42	0.79	0.50	0.32	0.30	0.35	0.31

表5-11 $D=50m$、$Q=20m^3/s$ 水位值

测点位置	上游渠道			漏斗悬板上					下游渠道
	1	3	5	6	7	8	9	10	12
水深/m	5.65	5.90	5.94	0.51	0.42	0.28	0.21	0.44	
底高程/m	895.913	895.655	895.505	901.00	901.00	901.00	901.00	901.00	
水位/m	901.56	901.55	901.45	901.51	901.42	901.28	901.21	901.44	900.80

表5-12 $D=50m$、$Q=20m^3/s$ 排沙耗水率

引水流量/(m³/s)	底孔耗水量/(m³/s)	排沙耗水率/%
20	3.06	15.29

由表5-10～表5-12可知，当引水流量为20m³/s时，漏斗典型断面的最大流速值为垂线E点0.79m/s，最小流速值为垂线C点0.30m/s。最大水位值是上游渠道1号点901.56m，最小水位值是下游渠道12号点900.80m，上游渠道壅水，悬板上最大水深为0.51m。排沙耗水率为15.29%，高于设计耗水率8%。

当引水流量为35m³/s时，排沙漏斗典型断面的流速值见表5-13，上下游水位见表5-14，排沙耗水率见表5-15。

表5-13 $D=50m$、$Q=35m^3/s$ 漏斗典型断面 $2/3H$ 处流速值

垂线号	A	B	C	D	E	F	G	H	I	J
水深/m	6.68	8.02	0.39	7.07	11.42	11.64	10.48	9.35	7.65	6.43
流速/(m/s)	0.70	0.54	0.44	0.53	0.88	0.58	0.41	0.51	0.59	0.59

表 5 - 14 $D=50m$、$Q=35m^3/s$ 水位值

测点位置	上游渠道			漏斗悬板上					下游渠道
	1	3	5	6	7	8	9	10	12
水深/m	5.99	6.22	6.33	0.80	0.67	0.39	0.27	0.67	
底高程/m	895.913	895.655	895.505	901.00	901.00	901.00	901.00	901.00	
水位/m	901.90	901.87	901.84	901.80	901.67	901.39	901.27	901.67	900.80

表 5 - 15 $D=50m$、$Q=35m^3/s$ 排沙耗水率

引水流量/(m³/s)	底孔耗水量/(m³/s)	排沙耗水率/%
30	2.8	8.0

由表 5 - 13~表 5 - 15 可知,当引水流量为 35m³/s 时,漏斗典型断面的最大流速值为垂线 E 点 0.88m/s,最小流速值为垂线 G 点 0.41 m/s。最大水位值是上游渠道 1 号点 901.90m,最小水位值是下游渠道 12 号点 900.80m,上游渠道壅水,悬板上最大水深为 0.80m。排沙耗水率为 8.0%。

当引水流量为 50m³/s 时,排沙漏斗典型断面的流速值见表 5 - 16,上下游水位见表 5 - 17,排沙耗水率见表 5 - 18。由表可知,当引水流量为 50m³/s 时,漏斗典型断面的最大流速值为垂线 A 点 0.98m/s,最小流速值为垂线 G 点 0.53m/s。最大水位值是上游渠道 1 号点 902.24m,最小水位值是下游渠道 12 号点 900.80m,上游渠道没有壅水,悬板上最大水深为 0.98m。排沙耗水率为 5.01%,低于设计耗水率 8%。

表 5 - 16 $D=50m$、$Q=50m^3/s$ 漏斗典型断面 $2/3H$ 处流速值

垂线号	A	B	C	D	E	F	G	H	I	J
水深/m	7.00	8.23	9.38	7.32	11.64	11.77	10.72	9.56	7.92	6.45
流速/(m/s)	0.98	0.73	0.54	0.56	0.87	0.63	0.53	0.67	0.85	0.90

表 5 - 17 $D=50m$、$Q=50m^3/s$ 水位值

测点位置	上游渠道			漏斗悬板上					下游渠道
	1	3	5	6	7	8	9	10	12
水深/m	6.33	6.55	6.71	0.98	0.98	0.53	0.35	0.86	
底高程/m	895.913	895.655	895.505	901.00	901.00	901.00	901.00	901.00	
水位/m	902.24	902.21	902.22	901.98	901.98	901.53	901.35	901.86	900.80

表 5-18 $D=50m$、$Q=50m^3/s$ 排沙耗水率

引水流量/(m³/s)	底孔耗水量/(m³/s)	排沙耗水率/%
50	2.51	5.01

通过排沙漏斗两个方案的模型试验获得的成果表明，两个设计方案既有共同的规律，又有着明显的差异，见表 5-19。

表 5-19   漏斗直径 $D=50m$ 综合试验成果表

悬板高程/m	引水流量/(m³/s)	平均流速/(m/s)	壅高水深/m	耗水率/%	空气涡状态
902.09	20	0.46	0.41	15.7	一般
	35	0.66	0.74	8.33	较强
	50	0.75	1.10	5.19	较强
901.00	20	0.54	壅水	15.29	一般
	35	0.64	壅水	8.0	较强
	50	0.76	0	5.01	较强

共同的规律是：随着排沙漏斗引水流量的增加，典型断面的平均流速值也增加，进水闸前的壅水水深也增加，而排沙耗水率随着排沙漏斗引水流量的增加而减小，漏斗空气涡随着排沙漏斗引水流量的增加由弱到强，水流在这 3 个流量情况下比较平稳。相同流量情况下，两个方案的断面平均流速和排沙耗水率基本相等。

明显的差异是：不同的悬板高程排沙漏斗，其闸前壅高水深有着明显的差异。以排沙漏斗引入设计流量 $50m^3/s$ 为例，漏斗直径 $D=50m$，悬板高程分别为 902.09m 和 901.00m 时进水闸前的壅高水深相应为 1.10m 和不壅水。

试验综合比较了直径为 $D=50m$，悬板高程为 902.09m 和 901.00m 时的两个排沙漏斗设计方案，根据干渠引不同流量时，渠道与漏斗水面衔接、漏斗室内水流流态、排沙耗水率等情况，推荐选用方案二漏斗直径 $D=50m$、悬板高程为 901.00m 作为设计方案，在设计流量时上游渠道基本不壅水，对粒径大于 0.25mm 的泥沙截沙率在 88% 以上，排沙耗水率在 5.01% 左右，可以满足设计要求。

经过试验结果确定排沙漏斗的主要工程特性：工程与引水渠交点处桩号为引 0-123.637m，高程为 895.655m；进水闸轴线与渠道轴线平行，进水闸

是由单孔 8.0m 的平板闸门组成，节制闸是单孔 8.0m 的平板闸门，进水闸和节制闸闸室底板高程为 895.505m；进水闸后涵洞单孔，宽 8.0m，高 4.0m；排沙漏斗直径为 50m，漏斗内水流呈顺时针方向旋转，漏斗室底坡 1∶6，漏斗边墙与底板连接处高程为 895.375m；排沙底孔偏心设置，孔口平台直径为 3.2m，偏心角为 71°，偏心距为 1.08m，孔口平台高程为 891.475m，排沙井底高程为 889.475m，孔口固定直径为 1.0m，可调孔径为 0.8m；悬板中心角为 180°，高程为 901.00m，宽为 8.0m，底部立柱支撑（数量由荷载结构计算得到），设计流量时的溢出水位为 901.35～901.98m，与下游引水涵洞引水水位 900.80m 正常跌水联接，同时保证排沙漏斗不运行时水流不倒灌入漏斗室；排沙道起点高程为 889.475m，排沙道底比降为 1/100，排沙道总长为 46m，出口高程为 889.01m。

第二节　排　沙　效　率

一、观测类比

室内模型试验是在清水条件下进行的，得到了排沙漏斗水流流场的流速、水位和排沙耗水率等试验数据，在此基础上确定了排沙漏斗的基本形式和各部结构尺寸。由于浑水模型试验的复杂性，模型相似率条件下的试验结果难以保证试验精度要求。为了解决浑水试验问题，利用与上马相迪 A 水电站水沙条件相似、排沙漏斗形态相似的喀什一级水电站来估算拟建排沙漏斗的泥沙排除效率[2]。

克孜河是喀什一级电站唯一水源，是一条多泥沙河流，多年平均含沙量为 5.09kg/m³，最大含沙量为 347kg/m³。高含沙水流对水电站的水轮机和压力管道造成的快速磨损一直得不到有效解决。为此，于 2006 年修建了喀什一级电站排沙漏斗工程。排沙漏斗投入运行几年来，大大延长了水轮机过水部件的检修和更换周期，基本解决了高含沙水流对水电站水轮机和压力管道造成的快速磨损问题。

喀什一级电站排沙漏斗设计引水流量 60m³/s。排沙漏斗直径 60m，进水闸 3 孔 2.4×4m，漏斗室底坡 1∶5，排沙底孔固定直径 1.8m，可调孔径 1.5m 和 0.8m，排沙道总长 360m，比降 1/80。根据国家有关标准、规范要求，选择 6 个观测断面，对各断面进行流量、含沙量测验及颗粒级配分析，最终得到排沙漏斗的泥沙排除率。排沙漏斗泥沙排除率的计算方法为[1]

$$E=\left[1-\frac{Q'_S\Delta P'_i}{Q_S\Delta P_i}\right]\times100\%\qquad(5-12)$$

式中：$Q'_S\Delta P'_i$ 为下游断面输沙率与相应粒径级配的积；$Q_S\Delta P_i$ 为上游断面输沙率与相应粒径级配的积。

根据实测的断面输沙率和泥沙颗粒级配数据，依据上述排沙漏斗泥沙排除率计算方法，计算出各断面各粒径区间泥沙排除率，见表 5-20。

表 5-20　　　　　　　　不同断面各粒径区间泥沙排除率

断面号	各粒径区间泥沙排除率/%						
	0.001~0.005mm	0.005~0.010mm	0.01~0.050mm	0.05~0.100mm	0.1~0.250mm	0.25~0.500mm	0.5~1.000mm
3	69.8	64.8	66.5	71.2	76.3	88.5	89.9~99.0
4	67.5	65.8	68.8	85.7	88.2	86.8	98.3~99.0
5	73.7	64.5	61.9	75.5	86.3	84.0	94.9~99.0
平均	70.3	65.0	65.7	77.5	83.6	86.4	94.4~99.0

排沙漏斗对粒径 0.001~0.005mm 悬移质泥沙的排除率为 70.3%，对粒径 0.005~0.01mm 悬移质泥沙的排除率为 65.0%，对粒径 0.01~0.05mm 悬移质泥沙的排除率为 65.7%，对粒径 0.05~0.1mm 悬移质泥沙的排除率为 77.5%，对粒径 0.1~0.25mm 悬移质泥沙的排除率为 83.6%，对粒径 0.25~0.5mm 悬移质泥沙的排除率为 86.4%，对粒径 0.5~1.0mm 悬移质泥沙的排除率为 94.4%~99.0%，对粒径 0.25mm 以上有害过机泥沙的综合排除率为 92.7%。

二、理论分析

排沙漏斗中水流是强三维流态，流态非常复杂，这种流态下泥沙模拟的难度很大，而且很难保证结果的可靠性，因此采用理论分析来估算排沙漏斗的排沙效率不失为一种可行的方法。根据泥沙运动基本原理，与排沙效率直接相关的是排沙漏斗中的水流速度，典型的排沙漏斗形态如图 5-2 所示。

其水流流态为强三维螺旋流，在漏斗中间位置形成空气漏斗，一般需

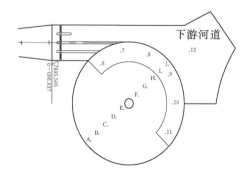

图 5-2　上马相迪 A 水电站
排沙漏斗形态

要维持空气漏斗直径大于漏斗底部开孔直径。由于排沙漏斗中的水流主要流速方向是沿平面方向，垂向流速很小。漏斗的进水口设计中漏斗侧边的中部，水流进入排沙漏斗后一般俯冲向下，泥沙难以被水流挟带进入上层水体，因此很少通过悬板溢流进入发电引水洞，这也是排沙漏斗排沙的基本原理之一。

依据非均匀沙水流挟沙力公式，分组水流挟沙力为[4-6]

$$S_{(\omega k)*} = K \left[\frac{U^3}{gh\omega_k} \right]^m \qquad (5-13)$$

综合挟沙力为[5]

$$S_* = K \left(\frac{U^3}{gh} \right)^m \frac{1}{\sum\limits_{k=1}^{n} \beta_{*k} \omega_k^m} \qquad (5-14)$$

$$\beta_{*k} = \frac{\dfrac{P_k}{\alpha_k \omega_k}}{\sum\limits_{k=1}^{ksk} \dfrac{P_k}{\alpha_k \omega_k}} \qquad (5-15)$$

式（5-13）和式（5-14）中：$S_{(\omega k)*}$ 为分组水流挟沙力；K 为挟沙力系数，一般取 0.2；m 为挟沙力指数，一般取 0.92；U 为时均流速；g 为重力加速度；h 为水深或水力半径；ω_k 为第 k 组泥沙的沉速；n 为泥沙分组数量；β_{*k} 为挟沙力级配；P_k 为与水体发生交换的底沙级配；α_k 为恢复饱和系数，淤积时取为 0.25，冲刷时取为 1.0。

据此计算得到各组泥沙的挟沙力见表 5-21。

表 5-21　　　　　　　　　　分 组 挟 沙 力

泥沙粒径/mm	<0.005	0.005~0.01	0.01~0.05	0.05~0.1	0.1~0.25	0.25~0.5	>0.5
挟沙力/(kg/m³)	927.556	188.465	11.867	0.943	0.641	0.039	0.001
挟沙力级配/%	8.2E+01	1.7E+01	1.1E+00	8.4E-02	5.7E-02	3.5E-03	8.5E-05
悬移质级配/%	19.37	27.26	38	7.87	6.63	0.85	0.02
挟沙力级配与悬移质级配之比	4.23E+00	6.24E-01	2.89E-02	1.07E-02	8.60E-03	4.12E-03	4.25E-03

由表 5-21 可以看出，相同流速条件下水流挟带不同粒径泥沙的能力差别很大，总体上呈现粒径越小挟带能力越强的规律。挟沙力级配与悬移质级配的对比反映了泥沙沉积排出的难易程度，该比值越小说明该组粒径泥沙在理论上排除率越高。因此，从理论上来看，上马相迪排沙漏斗中排除效率最高应为 0.25~0.5mm 粒径组的泥沙，其次是粒径为 0.5~0.517mm 的泥沙，其

他组次泥沙排除效率随粒径减小而减小。上马相迪电站设计最大含沙量约为27kg/m³，根据对于上马相迪排沙漏斗中的水流挟沙力和引水渠中来沙的对比关系来看，0.05mm 以下的泥沙理论上很难通过排沙漏斗排出，粒径在0.05mm 以上的泥沙则随来沙量和级配的变化可以通过排沙漏斗较大幅度的排出。

　　排沙漏斗耗水率低具有省水的优点，这种节水效果是通过形成中心的空气漏斗来实现的，要实现稳定的空气漏斗需要在排沙漏斗中维持一定的流速，这种流速如果较大，则会维持较大的挟沙能力，加上来水含沙量低、来沙粒径小，会导致泥沙不容易在排沙漏斗中下沉，泥沙排除率就难以保证。

　　采用排沙漏斗排沙效率理论计算方法计算了不同流速和含沙量条件下排沙漏斗能够排除的泥沙范围，如图 5-3 和图 5-4 所示。从图中可以看出，对于上马相迪 A 水电站的来沙条件，当漏斗中平均流速大于 0.5m/s 时，0.07mm 以下的泥沙可以得到较好的排除，对于上马相迪 A 水电站水轮机危害较大的是粒径大于 0.25mm 的泥沙，要有效地去除这部分泥沙则需要将平均流速控制在 0.73m/s 以内。从含沙量对排沙漏斗泥沙排除率的影响来看，当排沙漏斗中平均流速固定时，随着来沙含沙量的增加排沙漏斗的泥沙排除率也会相应增加，只要维持流态稳定，通过排沙漏斗后进入发电引水洞的含沙量和泥沙级配只与流速有关，与进入排沙漏斗的泥沙条件相关性较小。

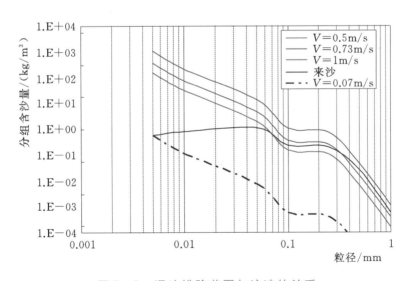

图 5-3　泥沙排除范围与流速的关系

　　按照排沙漏斗的理论排沙效率与流速和来沙关系，如果要对有害粒径进行有效排除，需要维持排沙漏斗的平均流速在 0.7m 左右，能够保障平均发电

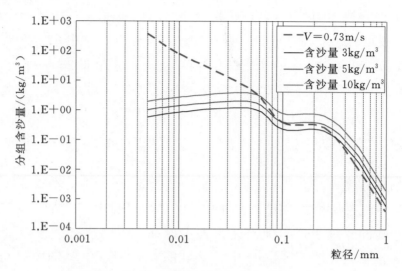

图 5－4　泥沙排除范围与含沙量的关系

引水含沙量不超过 0.7kg/m^3，根据设计的正常发电流量 $50\text{m}^3/\text{s}$ 初步估算排沙漏斗的直径约为 50m。因此，综合泥沙处理需求、工程场地条件、运行维护成本，排沙漏斗可以作为沉沙设施用于上马相迪 A 水电站。

三、排沙漏斗运行稳定性试验

受河道流量变化的影响，排沙漏斗出口处水位变化幅度较大，当排沙漏斗进口和出口的水头差变化时，排沙漏斗是否能够维持稳定的空气漏斗形态、稳定的耗水率和排沙效率需要采用模型试验来确定[3]。排沙漏斗排沙廊道出口处底板高程 888.772m，排沙廊道内尺寸 2.6m×1.5m（宽×高）。排沙廊道出口处（坝下 0＋136）河道断面的水位流量关系见表 5－22。

表 5－22　　　　　　排沙廊道出口处河道断面的水位流量关系

水位/m	流量/(m³/s)									
	0	0.1	0.2	0.3	0.4	0.5	0.6	0.7	0.8	0.9
882				0.0	0.1	0.1	0.1	0.1	0.1	0.3
883	0.7	1.3	2.3	3.6	5.3	7.6	10.4	13.7	17.6	21.9
884	26.8	32.0	37.7	43.8	50.3	57.1	64.3	71.8	79.6	87.8
885	96.4	105	115	124	134	145	156	167	179	191
886	203	216	230	243	257	272	287	302	318	334
887	351	368	385	403	421	439	458	477	496	516
888	536	556	577	598	619	641	663	685	708	731

水位/m	流量/（m³/s）									
	0	0.1	0.2	0.3	0.4	0.5	0.6	0.7	0.8	0.9
889	754	778	802	827	852	878	904	930	957	984
890	1010	1040	1070	1100	1120	1150	1180	1210	1240	1270
891	1290	1320	1350	1380	1410	1440	1470	1510	1540	1570
892	1600	1630	1670	1700	1740	1770	1810	1840	1880	1910
893	1950	1990	2030	2070	2110	2150	2190	2230	2270	2310
894	2350	2390	2430	2480	2520	2560	2610	2650	2700	2740
895	2780	2830	2880	2920	2970	3010	3060	3110	3160	3200
896	3250	3300	3350	3390	3440	3490	3540	3590	3640	

当排沙道出口处河道水位从 888.22m 至 892.39m 的 16 种工况时，测得相应的河道下泄流量从 $581.2\text{m}^3/\text{s}$ 至 $1736.0\text{m}^3/\text{s}$，相应的漏斗空气涡直径从 2.67m 至 1.6m，相应的排沙耗水率从 5.1% 至 5.0%，详见表 5-23。

表 5-23　　　　　　　排沙漏斗运行稳定性试验成果表

工况	河道水位 /m	河道流量 /（m³/s）	漩涡 直径 /m	排沙 耗水率 /%	水　流　流　态
1	888.22	581.2	2.67	5.1	排沙道为自由出流，排沙漏斗空气涡稳定，强度适中，无摆动，并贯穿至排沙底孔
2	888.94	740.2	2.50		排沙道为自由出流，排沙漏斗空气涡稳定，强度适中，无摆动，并贯穿至排沙底孔
3	889.11	780.4	2.50		排沙道为自由出流，排沙漏斗空气涡稳定，强度适中，无摆动，并贯穿至排沙底孔
4	889.33	834.5	2.40		排沙道为自由出流，排沙漏斗空气涡稳定，强度渐弱，无摆动，并贯穿至排沙底孔
5	889.49	875.4	2.33	5.1	排沙道为自由出流，排沙漏斗空气涡稳定，强度渐弱，无摆动，并贯穿至排沙底孔
6	889.57	896.2	2.33		排沙道为自由出流，排沙漏斗空气涡稳定，强度渐弱，无摆动，并贯穿至排沙底孔
7	889.77	948.9	2.17		排沙道为自由出流，排沙漏斗空气涡稳定，强度渐弱，无摆动，并贯穿至排沙底孔
8	889.87	975.9	2.17	5.3	排沙道为局部淹没出流，排沙漏斗空气涡稳定，强度渐弱，无摆动，并贯穿至排沙底孔
9	890.07	1031.0	2.17	5.2	排沙道为局部淹没出流，排沙漏斗空气涡稳定，强度渐弱，无摆动，并贯穿至排沙底孔

续表

工况	河道水位 /m	河道流量 /(m³/s)	漩涡 直径 /m	排沙 耗水率 /%	水 流 流 态
10	890.30	1100.0	2.00		排沙道为局部淹没出流,排沙漏斗空气涡稳定,强度渐弱,无摆动,并贯穿至排沙底孔
11	890.48	1144.0	1.93	5.3	排沙道为淹没出流,排沙漏斗空气涡稳定,强度渐弱,无摆动,空气涡贯穿排沙底孔,出口有气泡产生
12	890.85	1255.0	1.83		排沙道为淹没出流,排沙漏斗空气涡稳定,强度渐弱,无摆动,空气涡贯穿排沙底孔,出口有气泡产生
13	891.37	1401.0	1.73	5.2	排沙道为淹没出流,排沙漏斗空气涡稳定,强度渐弱,无摆动,空气涡贯穿排沙底孔,出口有气泡产生
14	891.66	1494.0	1.67	5.0	排沙道为淹没出流,排沙漏斗空气涡稳定,强度渐弱,无摆动,空气涡贯穿排沙底孔,出口有气泡产生
15	891.92	1576.0	1.67		排沙道为淹没出流,排沙漏斗空气涡稳定,强度渐弱,无摆动,空气涡贯穿排沙底孔,出口有气泡产生
16	892.39	1736.0	1.60		排沙道为淹没出流,排沙漏斗空气涡稳定,强度渐弱,无摆动,空气涡贯穿排沙底孔,出口有气泡产生

工况 1 至工况 7 排沙道为自由出流,排沙漏斗空气涡稳定,强度适中,水流无摆动,并贯穿至排沙底孔,排沙漏斗可正常工作,排沙耗水率较稳定。工况 8 至工况 10 排沙道为局部淹没出流,排沙漏斗空气涡稳定,强度渐弱,水流无摆动,并贯穿至排沙底孔,排沙漏斗可正常工作,排沙耗水率较稳定。工况 11 至工况 16 排沙道为完全的淹没出流,排沙漏斗空气涡稳定,强度渐弱,水流无摆动,并贯穿至排沙底孔,排沙道出口有气泡排出,此时排沙漏斗已处于非正常工作状态,随着时间的推移,可造成排沙道不能顺利排沙甚至完全淤堵,使排沙漏斗彻底丧失排沙能力而停止运行。

由此可见,随着河道下泄流量的增加,相应的排沙道出口处河道水位也增加,相应的漏斗水面下 1m 处的空气涡直径逐渐减小,而靠近排沙底孔的空气涡直径变化不大,使相应的排沙耗水率基本稳定在 5.1% 左右。

第三节 沉沙效果分析

一、实测泥沙排除效率

根据原型观测,2017 年 6—10 月,机组满发排沙漏斗正常运行时,引水渠平均引水流量为 47.57m³/s,排沙漏斗平均耗水流量为 2.21m³/s,排沙漏斗的排沙耗水率为 4.65%[7]。

图 5-5 所示为 2017 年和 2018 年汛期实测含沙量,具体测量断面分别位于引水渠渠首处、排沙漏斗排水出口和发电引水暗涵进口,通过这三处的监测数据来分析评估排沙漏斗的沉沙效率。

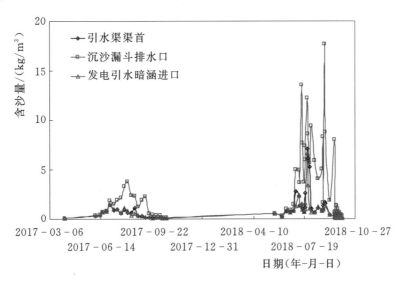

图 5-5　实测引水渠不同部位含沙量过程

排沙漏斗出口的含沙量始终是大于引水渠渠首和发电引水暗涵处的含沙量,排沙漏斗出口含沙量与引水渠首水体含沙量的比值 R_{sc} 在 1~27 之间(图 5-6),主汛期(7—8 月)含沙量较大时的 R_{sc} 值为 2~10,R_{sc} 大于 10 都是出现在 9 月含沙量较小的时候,此时主汛期刚过,引水渠淤积泥沙较多,随着来沙中含沙量显著减小,引水渠中会出现一定量的冲刷造成进入排沙漏斗的含沙量大于引水渠渠首处的含沙量,再加上排沙漏斗本身的排沙效果,致使每年 9 月的 R_{sc} 显著增加,但引水渠渠首与发电引水暗涵进口的含沙量差别不大。

实测平均引水渠渠首含沙量为 0.89kg/m³,排沙漏斗排水平均含沙量为 3.01kg/m³,发电引水暗涵入口平均含沙量 0.70kg/m³。虽然排沙漏斗排水含沙量增幅较大,但发电暗涵进口含沙量降幅相对较小,发电引水暗涵进口的含沙量比引水渠渠首的含沙量减少 21.3%,含沙量减少幅度远小于排沙漏斗排沙含沙量增加的幅度,这是由于排沙漏斗正常运用时排水量相对较小,基本维持在 1~3m³/s 之间,从排沙漏斗排出的流量占引水渠来流量的 0.5%~6.9%(图 5-7),平均排沙流量 1.73m³/s,平均耗水率 3.83%,在设计范围(3%~8%)以内。

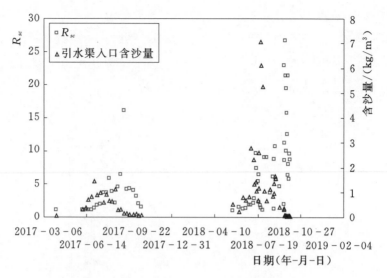

图 5-6 CS1 与 CS3 含沙量过程对比

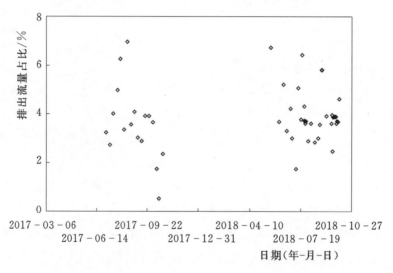

图 5-7 排沙漏斗排水流量与总流量的对比关系

设计时采用下式计算排沙漏斗的泥沙综合排除率：

$$E_t = \left(1 - \frac{Q_s}{Q'_s}\right) \qquad (5-16)$$

式中：E_t 为综合排沙效率；Q'_s 和 Q_s 分别为进入排沙漏斗（引水渠）和溢出排沙漏斗（发电引水暗涵入口）的输沙率。

根据式（5-16）计算出排沙漏斗的泥沙综合排除率约为 24.0%，但式（5-16）对于发电引水来说其物理意义不够明显，而且会出现排出排沙漏斗底部水体含沙量相同的情况下，排沙耗水率越高排沙效率越高的情况，这显然不符合排沙漏斗设计的初衷。鉴于以上两点，加之发电引水重点关注的引水中的泥沙含量，而不是输沙率，因此用含沙量作为对比指标来反映排沙效率更具有实际意义，即

$$E_t = \left(1 - \frac{S_{in}}{S_{out}}\right) \qquad (5-17)$$

式中：E_t 为综合排沙效率；S_{in} 和 S_{out} 分别为进入排沙漏斗和溢出排沙漏斗的含沙量。照此计算得到的排沙漏斗泥沙综合排除效率为 21.3%，略低于根据式（5-17）计算得到的泥沙排除率，两者相差不大。

2017 年在引水渠 CS1、CS2 和 CS3 断面取了 90 个样品，采用激光粒度仪做了级配分析，得到各断面上平均粒径，见表 5-24。由表中数据可见，与引水渠首（CS1）断面相比，发电引水暗涵入口（CS3）泥沙中 0.05mm 以下泥沙粒径占比略有增加，但大于 0.05mm 泥沙占比显著减少。

表 5-24　　　　　　　　　2017 年实测平均泥沙级配

粒径/mm	颗粒级配/%		
	CS1	CS2	CS3
<0.001	0.18	0.14	0.18
0.001~0.002	2.35	2.08	2.39
0.002~0.005	16.84	15.18	17.05
0.005~0.01	27.26	23.17	27.78
0.01~0.02	22.07	16.85	22.75
0.02~0.05	15.93	11.94	16.45
0.05~0.1	7.87	8.77	7.76
0.1~0.25	6.63	18.70	5.07
0.25~0.5	0.85	3.14	0.56
>0.5	0.02	0.03	0.01

排沙漏斗分组排沙效率采用式（5-18）计算：

$$E_k = \left(1 - \frac{C_s P_k}{C_s' P_k'}\right) \qquad (5-18)$$

式中：E_k 为单组泥沙排沙效率；C_s 和 C_s' 分别为引水渠入口和发电引水暗涵入口的含沙量；P_k 和 P_k' 分别为该组泥沙在引水渠入口和发电引水暗涵入口泥沙中的占比。

根据式（5-18）计算得到的分组排除率，见表 5-25。总体来看，泥沙

的排除率随泥沙粒径增加而增加，大颗粒泥沙的排除率越高，符合泥沙运动规律。具体来看，粒径小于 0.05mm 的泥沙排除率总体在 6％以内，差别不大。粒径大于 0.05mm 的泥沙排除率随粒径开始显著上升，0.25～0.5 粒径泥沙的排除率为 38.1％，大于 0.5mm 的泥沙粒径去除率为 53.0％，对于粒径大于 0.25mm 的有害过机泥沙排除率为 38.6％。

表 5－25　　　　　　　　2017 年实测不同泥沙粒径排除率

粒径/mm	<0.001	0.001~0.002	0.002~0.005	0.005~0.01	0.01~0.02	0.02~0.05	0.05~0.1	0.1~0.25	0.25~0.5	>0.5
排除率/%	6.00	4.40	4.83	4.21	3.10	2.93	7.3	28.1	38.1	53.0

2018 年泥沙级配数据是在项目现场采用筛分法测量得到的，实测级配对比见表 5－26。与引水渠入口断面相比，大于 0.105mm 泥沙在发电引水暗涵入口占比均有所减小，这与 2017 年实测结果基本一致。

表 5－26　　　　　　　　　2018 年实测泥沙级配

粒径/mm	颗粒级配/%		
	CS1	CS2	CS3
<0.105	64.7	46.55	67.18
0.105~0.25	19.8	28.91	19.70
0.25~0.3	5.7	8.97	4.46
0.3~0.45	5.5	11.16	4.69
>0.45	4.32	4.31	3.94

根据式（5－18）计算得到的 2018 年泥沙分组排除率见表 5－27。从表中可以看出排除率基本随粒径增加而增加，最大排除率为 42.2％，出现在 0.25～0.3mm 粒径组，更大粒径排除率略低，但都在 30％以上。对于粒径大于 0.25mm 的有害过机泥沙排除率为 37.6％。2018 年分组泥沙排除率计算结果显示大颗粒的排除率略低于较小的颗粒，这可能是由于大颗粒占比本身比较小，测量误差对于结果影响较大造成的，但这部分误差对于泥沙综合排除率计算结果影响不大。

表 5－27　　　　　　　　2018 年实测不同泥沙粒径排除率

粒径/mm	<0.105	0.105~0.25	0.25~0.3	0.3~0.45	>0.45
排除率/%	23.29	26.50	42.20	37.01	32.62

二、实测泥沙排除效率与设计值的对比分析

设计的泥沙排除率较高，与实际观测的泥沙排除率存在一定的差异，造成这种差异的原因主要在于以下几个方面：

（1）实际进入排沙漏斗的泥沙粒径较小，与排沙漏斗能够有效排除的泥沙粒径存在较大差异。排沙漏斗设计之初是为了解决推移质泥沙进入发电机组的问题，对于上马相迪电站引水渠中 0.5mm 以下的悬移质其排沙效率不一定显著。依据前述理论分析的结果，需要根据现场实际来沙情况适当降低排沙漏斗中的时均流速来增加排沙效率。

（2）设计参照的喀什一级水电站来沙条件和排沙漏斗布置与上马相迪电站存在一定差异。

1）水沙条件的差异。喀什一级水电站多年平均含沙量为 5.09kg/m³，最大含沙量为 347kg/m³，而上马相迪电站实测 2017 年平均含沙量约为 0.99kg/m³，不到设计值的 1/3。两个排沙漏斗中的泥沙级配较为接近，见表 5-28。

表 5-28　　　　　　　　实测喀什一级水电站排沙漏斗泥沙级配

粒径/mm	2~0.5	0.5~0.25	0.25~0.1	0.1~0.05	0.05~0.02	0.02~0.01	0.01~0.005	0.005~0.002	0.002~0.001
占比/%	0.0	0.1	1.7	3.7	35.5	21.0	18.2	15.7	3.0

由此可见，上马相迪电站来水的含沙量远小于喀什一级水电站。在相同的工程布设条件下，根据来沙与挟沙能力的对比关系以及排沙漏斗泥沙排除率的计算方法，假定挟沙能力为 0.8kg/m³，采用平均含沙量进行计算得到喀什一级水电站和上马相迪水电站排沙漏斗理论上的排沙效率分别为 80% 和 19%，由此可见这是造成上马相迪的排沙漏斗泥沙排除率小于喀什一级水电站的主要原因。

2）沉沙漏斗规模的差异。喀什一级水电站排沙漏斗的直径为 60m，设计引水流量为 60m³/s，排沙底孔直径为 1.8m；上马相迪电站的排沙漏斗的直径为 50m，设计引水流量为 50m³/s，排沙底孔直径为 1.0m。两者平均流速基本相同，但从引渠出口到达溢流口的时间相差近 1min，因此在来沙相同条件下理论上喀什一级水电站溢流口的水流含沙量会更低。此外，喀什一级水电排沙漏斗的平均耗水率为 15.8%，上马相迪电站排沙漏斗的平均耗水率为 3.8%，根据喀什一级水电站实测和上马相迪电站设计时所采用的泥沙排除率计算方法

$$E_t = \left(1 - \frac{QS}{Q'S'}\right) = \left(1 - \frac{QS - Q_p S_p}{Q'S'}\right) \tag{5-19}$$

式中：Q'、S'分别为进入排沙漏斗的流量；Q、S分别为溢出排沙漏斗的流量和含沙量；Q_p、S_p分别为排沙出口的流量和含沙量。

按照式（5-19）的计算方式，假设喀什一级电站和上马相迪电站的排沙漏斗进、出口含沙量相同，则可以得到

$$E_t = \left(1 - \frac{Q - Q_p}{Q'}\right) \tag{5-20}$$

由式（5-19）可以看出，当含沙量相同时，根据式（5-19）计算的得到的泥沙排除率仅与排沙流量有关，排沙流量越大则排沙效率越高，因此理论上，同样泥沙条件下喀什一级电站的排沙漏斗的排除率比上马相迪电站高出12%。这也是造成上马相迪实测泥沙排除率与设计值之间差异的因素之一。

因此，在排沙漏斗排沙效率论证中，如果采用浑水试验遇到模型沙选沙困难时，可以参照本章提出的理论分析方法大致估算排沙漏斗的泥沙排除率。

参 考 文 献

[1] 谢鉴衡. 河流模拟 [M]. 北京：中国水利水电出版社，1990.
[2] 新疆农业大学. 尼泊尔上马相迪水电站排沙漏斗工程试验研究报告 [R]. 2012.
[3] 新疆农业大学. 尼泊尔上马相迪水电站排沙漏斗工程补充模型试验报告 [R]. 2014.
[4] 张瑞瑾. 河流泥沙运动力学 [M]. 2版. 北京：中国水利水电出版社，1998.
[5] 杨国录. SUSBED-1动床恒定非均匀全沙模型 [J]. 水利学报，1994 (4)：1-11.
[6] 韩其为. 非均匀悬移质不平衡输沙 [M]. 北京：科学出版社，2013.
[7] 中国电建集团海外投资有限公司. 尼泊尔上马相迪A水电站排沙漏斗工程研究成果报告 [R]. 2017.

第六章

水沙自动观测体系概论

第一节　水沙观测体系的作用

山区型河道，洪水陡涨陡落，大洪水往往挟带大量泥沙进入水电站库区，水沙在时间上比较集中，对水电站运行尤其是水轮机磨蚀危害比较大的水沙过程时间相对较短，如果能提前对这种有害的水沙过程进行预报，就可以采取相应的技术措施在一定程度上减少泥沙对水电站运行安全的威胁。因此有必要建立一套水沙观测体系，对电站库区和上游的水情、雨情进行实时测报，为水电站安全运行提供参考。

建设水沙自动观测体系，可以迅速、全面地收集流域内的水雨情信息并提供可靠的水情情报，为工程施工安全度汛、水库运行调度和下游地区防洪度汛提供科学依据。山区河道低水头水电站库容小，调节能力弱，水沙自动观测体系建设必要性主要体现在以下几方面[1]：

（1）水沙自动观测体系是实现科学调度的必要条件。建设水情自动测报系统，可实时监测流域水文情势，为计算水电站的出入库水量提供准确的水雨情信息，并通过水文预报为水电站提供具有一定预见期的入库水量的预测，可为水电站更好地制订发电计划，指导水电站生产运行实现科学调度创造条件。例如在上马相迪 A 水电站中，拉沙需要实时观测坝前的淤积高程、入库的流量和含沙量，根据实时观测数据选择适合的水库排沙时机。

（2）建设水情自动测报系统是保障水电站安全运行的基础。山区河道低水头水电站上游一般水文站点较少，缺乏应对地质灾害和超标准洪水灾害的预警措施，建设水情自动测报系统，可以实时监控流域的降雨情况和洪水过程，为水电站安全运行提供相应的洪水预报的信息，为水电站防洪度汛提供科学依据，起到预报预警的作用。一旦上游发生了大洪水或者滑坡导致入库含沙量过大时，则需要考虑停机避峰，避免水轮机快速磨损。

（3）建设水情自动测报系统是水电站实现智慧化管理的前提。水情自动测报系统是利用遥测、通信、计算机、网络等先进技术对流域水雨情数据自动采集、传输、分析处理，可为水电站提供实时、准确的水情测预报信息的自动化管理系统，是水电站智慧管理系统的重要组成部分，其建设可有效提高上马相迪 A 水电站自动化管理水平，为水电站实现少人或无人值守创造条件。

我国水沙自动观测体系建设始于 20 世纪 70 年代末，目前国内大多数流域、水电水利工程都已建成水情自动测报系统，已积累大量成熟的建设及运行管理经验。近年来，微电子技术迅速发展，水文传感器、遥控设备不断升级换代，能较好地满足流域水情自动测报系统对水文数据采集的具体要求，为遥测系统长期稳定可靠运行提供了设备保障。此外，随着移动通信和北斗卫星的研发和建设投入，北斗卫星的覆盖范围迅速扩大，移动通信和卫星通信技术取得了飞速的发展，解决了水沙自动观测体系建设受制于大跨度、远距离、地形限制等问题，可较好地解决流域水沙自动观测体系测报范围广、地形条件复杂、系统规模大等一系列问题，为流域水沙自动观测体系建设创造了条件。由此可见，水沙自动观测体系在山区河道低水头水电站运行中非常必要且具备了实际运行条件。

第二节　水沙观测体系的架构

水沙观测体系主要由 3 个部分组成：观测站（设备）、传输网络和中心站[2]。观测站（设备）一般包括水文站、气象站和独立观测设备。水沙观测体系主要架构见图 6-1。

水文站所在位置应包括入库一半以上的流域面积，同时距离入库有一定的距离以保证有足够的预见期。气象站的设置应根据流域自然地理特性、气候特性和水文特性，选择靠近暴雨洪水中心位置，最好选择在降雨量与入库流量有较稳定的对应关系的区域。以上马相迪 A 水电站为例，上马相迪 A 水电站水情自动测报系统由 1 个中心站、1 个水位站、2 个水文站、2 个枢纽区水位站、4 个专用气象站组成。上马相迪 A 水电站水情自动测报系统站网分布图见图 6-2。该水电站坝址以上无水文站，规划在坝址以上30km 的一条较大支流的下游河段新建 Chame 水文站，该站控制集水面积占上马相迪 A 坝址以上集水面积的 59.5%。通过该站收集水文资料，可与闸址水位站及下游水

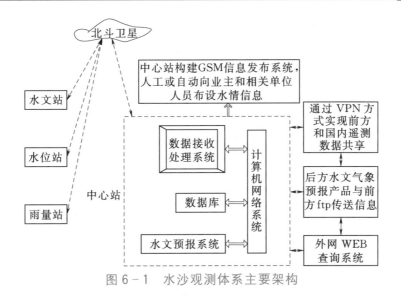

图 6-1 水沙观测体系主要架构

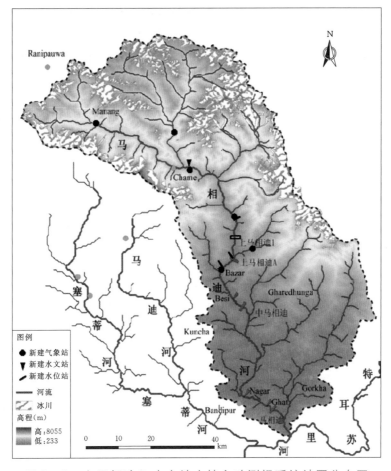

图 6-2 上马相迪 A 水电站水情自动测报系统站网分布图

文站建立相关，为上马相迪 A 水电站提供预报依据及确定预见期。根据马相迪河流域自然地理特性、气候特性和水文特性，结合流域内海拔分布特征拟新设 4 个气象站，Chame 水文站和入库水位站兼测气象。为满足上马相迪 A 水电站运行及水库调度需要，在枢纽区布设坝前和尾水水位站，其中坝前水位站是电站汛期泄洪、水务计算和运行调度的依据站。为了提高库水位观测的代表性，坝前水位站应避开大坝取水口、泄水影响的区域。尾水水位站设置在避开泄洪雾化区和发电放水紊乱的区域布设尾水水位站，监测尾水水位，用于毛水头、耗水率等水务计算。

传输网络可以采用无线通信系统，如北斗卫星通信系统，GSM（Global System for Mobile Communications）通信系统；也可以采用专用的有线网络，如光纤通信，如图 6-3 所示[1]。中心站是水情自动测报系统的中枢，系统的数据采集、储存、处理、分析、预报和水情信息发布均在中心站完成，为了方便水情信息的发布、共享、服务沟通和遥测站的运行维护管理，运行期可根据运行需要设在电站厂房中控室内。

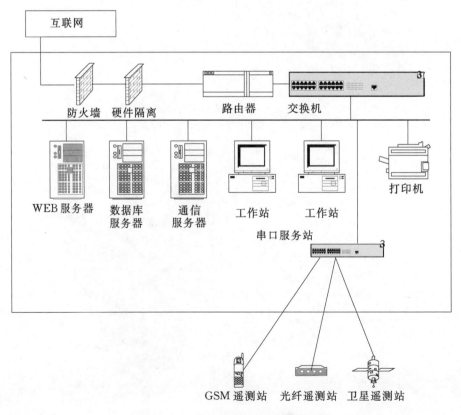

图 6-3 水沙观测体系通信系统

第三节 主 要 观 测 设 备

以上马相迪 A 水电站为例，介绍主要的水沙观测设备及其主要的作用。

根据上马相迪 A 水电站水沙调度的运行方式，该水电站水沙观测体系主要包含以下几个方面：

1. 入库流量观测

入库流量是水库运用尤其是水库拉沙需要参考的关键指标之一。数学模型和实测分析的结果显示，水库拉沙时的来沙系数低于 $0.006(kg \cdot s)/m^6$，拉沙流量高于 $200m^3/s$，能够有效减少拉沙时长，增加拉沙效率和拉沙量。

入库流量实时观测可以通过对水位的实时观测，然后根据流量关系反算来实现。关于流量观测方式，建议在库尾以上选择较为稳定的横断面设立水位观测仪器，通过建立稳定的水位流量关系来计算入库流量。采用这种方式可以实时、快速地给出入库流量过程。

目前常用的水位观测仪器有两种：一种是压力式水位计，另一种是雷达式水位计。压力式水位计固定在河床上，通过仪器上部的水压力计算水深和水位，一般可以同时测量水位等其他水环境要素，但是容易被河床砂石掩埋或损坏，不适用于马相迪河这种来沙条件的河流。雷达式水位计的水位探头架设在空中，仪器受外界干扰少，容易维护，目前国内大部分水文站均采用这种水位测量方式。雷达式水位计构造见图 6-4。

2. 坝前淤积高程观测

根据数学模型和实测资料分析的结果，上马相迪水库淤积平衡时坝前的淤积高程约为 900m，水库达到淤积平衡后坝前的淤积体有垮塌进而淤堵闸门的风险，同时也会造成进入引水渠的含沙量增加，因此建议当坝前淤积高程达到 898m 以上时考虑进行拉沙。根据河流动力学基本理论，马相迪河来沙淤积的水下休止角约为 30°。据此推算，淤积平衡时三角洲的顶部距离大坝约 20m，监测断面应设置在距离坝前 20m 处，当此处淤积高程达到 898m 以上时，需要注意出现泥沙淤堵闸门问题，并及时安排拉沙。坝前淤积高程可以使用无人船携带多波束地形设备进行观测。

3. 含沙量观测

来水含沙量是水库拉沙参考的指标之一，进入引水渠和发电引水暗涵的含沙量是停机避沙的关键指标，因此需要在这两处进行含沙量快速监测。目前含沙量快速监测的方式有两种：

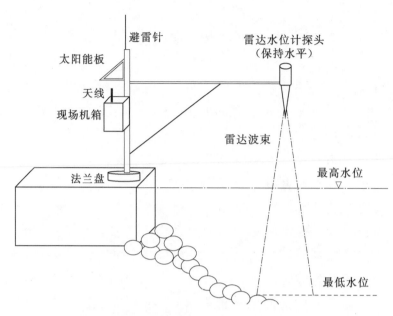

图 6-4　雷达式水位计构造图

（1）采用人工取样后在滤纸上快速排水沉淀泥沙，然后建立称取滤纸和沙的重量，通过查滤纸和沙的重量与含沙量的关系曲线快速得出含沙量。这种方式从取样到得出结果需要 5～10min，但由于受人工条件限制难以连续观测，尤其是在夜间可能会错过沙峰。

（2）采用光电式仪器进行实时含沙量测报。水文测量常用的含沙量测量仪器是 OBS（见图 6-5），这种仪器直接观测到的是浊度，需要根据当地的泥

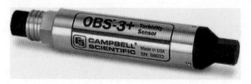

图 6-5　OBS-3 实物图

沙级配情况建立浊度与含沙量的关系，该仪器可以输出最短时间间隔为 1s，但其测量范围有限，室内试验的结果表明其测量最大含沙量小于 $10kg/m^3$[3]，而且测量精度会受到泥沙级配的影响，如果泥沙级配变化不大则准确定能够得到保证。

根据上马相迪 A 水电站的来沙条件，引水渠的含沙量一般达不到 $10kg/m^3$，而且根据数模计算的结果，当进入引水渠含沙量达到 $6kg/m^3$ 以上时即可考虑停机避沙，因此可以考虑在引水渠和发电引水暗涵处采用 OBS 进行含沙量实时观测。

4．过机泥沙级配观测

过机泥沙级配观测分两种：一种是实验室内观测，另一种是现场实时观测。

　　室内观测需要先从取样点取回样品，对于较细的泥沙可以采用马尔文激光粒度仪，其测量的粒径范围为 0.001～2mm；对于较粗的泥沙可以采用筛分法，一般筛分的最小粒径为 0.062mm，最大粒径可以到 10cm 以上。2017年实测的上马相迪引水渠泥沙级配是采用马尔文激光粒度仪测量得到的，2018 年是采用筛分法得到的。实测结果显示，上马相迪电站引水渠中最大的泥沙粒径约为 0.517mm，粒径大于 0.5mm 的泥沙平均占比不足 0.1%，实际观测中重点要关注的是大于 0.25mm 的泥沙所占比例，因此引水渠中的泥沙粒径观测可以考虑采用激光粒度仪，库区泥沙观测可以采用激光粒度仪和筛分结合的方式进行。2017 年实测结果表明中小流量下泥沙级配差别很小，取样可以减少。大洪水期间来沙量大时，来沙粒径一般也比较大，泥沙级配观测需要重点关注洪水期，上马相迪河流洪水涨落快，取样时间间隔根据洪水涨落的速度确定，一般一次洪水涨落至少能取 5 个测次，洪水起涨取 1 次样，涨水期间取 1 次样，洪峰处取 1 次样，落水期间取 1 次样，洪水消落后取 1 次样。

　　实时准确测量天然河流中的泥沙级配仍然是水文观测的一个难题，目前能够实时测量泥沙级配的仪器以 LISST 系列为主，包括 LISST－100X 和 LISST－200X（图 6－6）两种。

　　LISST－100X 较大，长约 1m，LISST－200X 较小，长约 0.6m。两种仪器都可以实时测量粒径、含沙量、流速、温度和水深。粒径测量范围为

图 6－6　LISST－200X

0.002～0.5mm，含沙量测量范围为 0.001～0.75kg/m³。LISST－100 已经在天然河流或河口的水文观测中得到了应用[4-5]，但该仪器观测结果容易受到水中气泡干扰而导致测量的泥沙级配出现较大误差，实际使用时需要对测量结果进行比对分析。

参　考　文　献

[1]　中国电建集团成都勘测设计研究院有限公司. 尼泊尔上马相迪 A 水电站水情自动测报系统规划方案 [R]. 2018.

[2]　许弟兵，杨军，邓颂霖. 巴基斯坦卡洛特水电站施工期水文工作实践与研究探讨 [J]. 水利水电快报，2020，41（3）：7-11，18.

[3]　王党伟，吉祖稳，邓安军，等. 絮凝对三峡水库泥沙沉降的影响 [J]. 水利学报，2016，47（11）：1389-1396.

[4] 程江，何青，王元叶. 利用 LISST 观测絮凝体粒径、有效密度和沉速的垂线分布 [J]. 泥沙研究，2005（1）：33-39.

[5] 田苏茂，黄忠新，彭勤文，等. LISST 和浊度仪在三峡水库泥沙测报中的应用 [J]. 水利水电快报，2012（7）：75-78.